忙，是治疗一切坏情绪的良药

马一帅◎著

中国财富出版社

图书在版编目(CIP)数据

忙,是治疗一切坏情绪的良药 / 马一帅著.—北京:中国财富出版社,2017.6
ISBN 978-7-5047-6535-2

Ⅰ.①忙… Ⅱ.①马… Ⅲ.①人生哲学–通俗读物 Ⅳ.①B821-49

中国版本图书馆CIP数据核字(2017)第 155154号

策划编辑 张彩霞	**责任编辑** 杨 曦			
责任印制 方朋远	**责任校对** 孙会香 张营营		**责任发行** 张红燕	

出版发行	中国财富出版社
社　址	北京市丰台区南四环西路 188 号 5 区 20 楼　邮政编码　100070
电　话	010-52227588 转 2048/2028(发行部)　010-52227588 转 307(总编室)
	010-68589540(读者服务部)　010-52227588 转 305(质检部)
网　址	http://www.cfpress.com.cn
经　销	新华书店
印　刷	北京柯蓝博泰印务有限公司
书　号	ISBN 978-7-5047-6535-2/B·0525
开　本	710mm×1000mm　1/16　**版　次** 2017 年 7 月第 1 版
印　张	15.75　**印　次** 2017 年 7 月第 1 次印刷
字　数	212 千字　**定　价** 38.00 元

1

人类是情绪动物，尤其是女孩，生来就纤细、敏感，触角密密麻麻。

根据我的观察，大多数时候，我们闲不得，一闲下来，立刻就胡思乱想，并且，还颇为享受自己"自搏术"一般的思维对擂。

比如，突然开始担心一件压根儿没有发生，也不一定会发生的事，竟然还下很多功夫去琢磨解决办法；

比如，过度把注意力集中到自己的身体上，为头疼问百度医生，最后，引发在线疑病症；

比如，自己今天和领导撞衫，于是陷入某种人际关系的忖度中，最后上班时间刷了一天朋友圈。

……

后来我发现，男孩也是这样，虽然不像女孩那样情绪化，但是，也会因为闲来无事，引发不安全感。只是很多时候男孩"懒得想"。

比如懒得去写总结，反正是好是坏照发工资；懒得去读宝贝介绍，反正你不卖给我别人也会搭理我；懒得去做梦，反正也不一定能实现；懒得去思考未来，反正缘分这两个字可以解释一切；懒得运动；懒得上进……最享受的状态就是平时不上课，期末考试时张张嘴就有学霸的笔记可以复印；最享受的是思考如何伸出双手就可以丰衣足食。

所以当你呐喊什么"一毕业就成中年人"时，感叹"活得像条狗"时，亲爱的，我不会安慰你，我只想告诉你，人生所有的蹉跎和痛苦，都是你自己咎由自取。

2

当然我也有不开心的时候。

曾经无数个晚上，我在深夜背着巨大的电脑包，抱着厚厚的打印稿，累得蹲在地铁上，回去还要洗把冷水脸，写属于我的那部分稿件，有时还会临时接到客户要修改的电话以及不属于我分内的人情稿……你说我开心吗？

我不知道其他不开心的人能怎么办，但是我知道我能怎么办。

就在我累得快要死在地铁上的时候，我总让自己这样想：正是我们公司人少，我才有机会参与公司的整体发展，而且以后公司的活我还是得抢着去干，因为"心机婊"如我，以后我自己开公司的时候，什么事情对我来说都是小事情了嘛。

那时我并没有意识到，这种折磨，会给我带来"额外"的潜能。

但这些经验已经潜移默化地深入到我的内心，以至于现在让我研究一个行业或者一个现象我马上能找出各种相关资料信息，并且保证完整可靠。这些在后来也间接导致了我思考问题的逻辑和方法变得清晰有条理，对我未来的人生产生了重要影响。

所以，我想告诉你们，跟我学学，坏情绪并没有那么可怕，可怕的是因为坏情绪导致的消极暗示，那是打败自己的强大力量。它轻则破坏我们良好的心境，重则破坏人与人的关系。对集体而言，坏情绪往往相互感染，破坏团队的凝聚力，把团队引进坏情绪的包围圈，让我们遭遇失败。

如果你甘愿认输，甘愿和坏情绪一起坠入无底的深渊，那么谁也拯救不了你，你也永远无法开启潜能之门。

3

当你对付不了自己的时候，别人是最容易对付你的。

你有什么好抱怨？以我们大多数人的努力程度，根本轮不到拼天赋，只有努力才是我们一辈子的护身符。

我要告诉你，赢在起点并没有那么重要，赢在终点才是真正的赢。

我还要告诉你，不要羡慕那些"富二代"，李泽楷当然幸运，但再幸运也没有李嘉诚厉害！要做就做那个靠自己就能赢的人！

所以，你一定要拥有一份不能太闲的工作和一份真心实意喜欢的爱好。前者让你的8小时过得充实有声色，后者让你的晚上和周末过得心满意足。

别嚷嚷"为什么我总是高兴不起来"，那是因为你根本没用心去找"让你高兴"的那个点。或者你只是把这个点寄托在了别人身上，这其实是最可怕的。

当你被坏情绪折磨得头晕脑涨，或者被迷茫摧残成锅底的咸鱼时，别总以为是生活欠你一个交代，那只是你没给生活交上满意的答卷。你的焦虑、忧郁，还有各种坏情绪，都只是因为你太闲了。

请默默地把自己的24小时排满，即便你回家之后就开始蒙头大睡，也强过你缩在沙发里画圈圈，至少多睡觉还能收获一张水嫩脸。

如果你很闲，请读读这本书，学习一下情绪管理和个人奋斗之道。你处理情绪的速度，就是你迈向成功的进度。别让情绪拖着欲望之车，载着你向前狂奔，不管前面是悬崖还是陷阱。

目 录
CONTENTS

第 一 章

这个世界，
没有人值得你羡慕嫉妒恨

1. 当别人拿"第一"，恭喜他

如果你觉得别人比你好，比你出色，你就加把劲赶上去，力争上游。有意识地提高自己的思想认识水平，才是消除和化解嫉妒心理的直接对策。

对于比你强大和能干的人，你不仅要有单纯的羡慕和崇拜，更应该坚持一种"我一定会比你强，我一定能超过你"的想法。有了积极正面的思考方式，才会带来奋发向上的实际行动。争取做到"后来者居上"，你才能活出生命的色彩。

尽管嫉妒和羡慕只是一线之差，却有着天壤之别。嫉妒的人是在打击别人的过程中寻找快乐，以求得心理平衡，而他们自己的生活却是一团糟。羡慕的人，是承认别人的成功并在心底为自己打气，提醒自己努力。

学会熔炼嫉妒，就是把本能的嫉妒转化为进取的动力，把不平静的心态归于平静，把蔑视别人的目光转到自己的短处上，这样嫉妒就会变成一种催人奋发的力量。其实我们大可不必嫉妒他人，俗话说："尺有所短，寸有所长"。每个人都会有长处和短处，为什么要用自己的短处与别人的长处比，自寻烦恼呢？相反，如果我们可以把嫉妒化成动力，用自己的努力去缩短与别人的差距，甚至超越他人，那就可以换来别人对我们的羡慕。

如果一个人很喜欢与别人进行比较，同时又不能对自己做出正确的评价，就会产生嫉妒。比较会导致自卑，失去信心，当机会再一次来临时，就会失去尝试的勇气，连超越他人的想法都会化为乌有。

　　工作及社交中的嫉妒心理往往发生在双方及多方身上，因此要注意自己的性格修养，尊重他人，尤其是自己的对手。这样不但可以克服自己的嫉妒心理，而且可以使自己免受或少受嫉妒的伤害。同时还可以取得事业上的成功，又能感受到生活的愉悦。

　　与其嫉妒那些比自己强的人，还不如把嫉妒变为动力，多结交一些比自己强的人，从他们的身上学习成功的经验，提高自己的能力，促使自己成功。

　　美国一位名叫阿瑟·华卡的农家少年，一直很嫉妒那些商界的成功人士，但是他是一个好强的人。有一天在杂志上读了大实业家亚斯达的故事，他很嫉妒亚斯达能取得这样巨大的成功，但转念一想，为什么自己要在这嫉妒呢？再怎样嫉妒都不可能像他那样成功，何不向他请教，对他的成功经历了解得更详细些，并得到他的忠告，这样自己或许也能取得成功。

　　有了这样的想法与动力后，他跑到了纽约，早上7点就来到亚斯达的事务所。经过三四个小时的等待，华卡终于在第二间办公室里，见到了体格结实、浓眉大眼的亚斯达，这让他兴奋不已。一开始，高个子的亚斯达觉得这少年有点讨厌，然而一听少年问他"我很想知道，我怎么才能赚到百万美元"时，他的表情立刻变得柔和并微笑起来。两人竟谈了很长时间。随后亚斯达还告诉华卡该怎样去访问其他实业界的名人。

　　华卡照着亚斯达的指示，遍访了那些曾让他嫉妒的一流商人、总编及银行家。在赚钱方面，华卡所得到的忠告并不见得对他有所帮助，但是能得到成功者的知遇，给了他自信，他开始化嫉妒为奋进的动力，仿效他们成功的做法。

　　过了两年，这个20岁的年轻人，成为当初他做学徒的那家工厂的所有者。24岁时，他成了一家农业机械厂的总经理，就这样，在不到5

年的时间里，华卡就如愿以偿地赚到了百万美元。后来，这个来自乡村粗陋木屋的少年，又成为一家银行董事会的一员。

华卡在以后的创业过程中，一直实践着他年轻时到纽约学到的基本信条：多与比自己优秀的人结交，把嫉妒别人转变为学习别人的长处，以此来帮助自己成功。

华卡的做法是值得我们学习的，我们可以把嫉妒对象当作对手，不是向他攻击而是向他挑战、学习。俗话说："只要功夫深，铁杵磨成针。"很多事情别人能干，自己也一样能干，而且可能会干得更好。

比尔·盖茨说："和那些优秀的人接触，你会受到良好的影响。"然而要与优秀的人物缔结友情，跟第一次想赚百万美元一样，起初是相当困难的。其中的原因并不在于对方的出类拔萃，而在于我们自己的嫉妒之心，不愿友好地进行沟通与交往。

但是我们不得不承认与比自己强的人结交有以下好处：

第一，和比自己优秀的人在一起，我们就会嫉妒别人，容不得自己不如别人，别人行，我一定也行，于是想方设法要超过别人，这样就将嫉妒之心转化为了好强的求胜之心，促使我们能够很快地成长并超越别人。

第二，结交一个优秀的人，比我们做的任何决定都来得重要。因为，借由他们的成功经验、成功模式，能使我们在非常短的时间内，产生非常大的效益。他们失败时所做错的事情让我们知道，哪些是我们不能做的事和不能犯的错。他们会让我们省下非常多的时间，走对方向，少走弯路。

第三，看到与自己所嫉妒的人之间的差距，以所嫉妒的人为榜样、为目标，扬长避短，择其善而从之，见其恶而避之。自己努力改进，迎头向上，积极地将嫉妒心理转化为进取的动力，才不会让嫉妒使自己的心理不平衡。

同时我们应当认识到，有些事情是不取决于人自身的，如一个人的出身、相貌等，不是想改变就能改变的，因此我们没有理由去嫉妒别人。我们要挖掘己不如人的根源，要弄明白别人到底为什么比自己强。也许，他取得的成绩是努力拼搏的结果，我们自己是不是做得还不够？如果是，我们应当提醒自己加倍努力。

"山不厌高，海不厌深""山不辞石，故能成其高；海不辞水，故能成其大，君不辞人，故能成其众""合抱之木，始于毫末；千里之行，始于足下"。既然已知自己的弱处，看到自己与别人的差距，就不该将精力浪费在嫉妒别人上面，而应该知耻而后勇，化嫉妒为拼搏的动力，注意点滴的积累，从今天开始，从足下开始，不耻下问、不疲请教。"箭欲长而不在于折他人之箭""天外有天，人上有人"，茫茫人海总有人会有一面长于自己，此时我们不应嫉妒他人，做出毁灭、扼杀别人的行为，而应觉得不甘心，想要比别人强，积极地提高自身的价值与素养。"寇可往，我亦可往"，别人能做到，我为什么不能做到，只有具备这样的思想，才能迎头赶上，进而后来居上。

对别人产生嫉妒并不可怕，关键要看我们能不能正视嫉妒。如果能把嫉妒转化为成功的动力，时时鞭策自己，化消极为积极，往往会使我们赶上甚至超过别人。

2. 当压力缠着你，接受它

很多成年人都爱说，要是我们永远不长大，做一个单纯的孩子，不用承担来自事业、情感、家庭、社会的压力，生活一定很甜蜜和轻松，世界一定很美好！

其实，这样的说法是有很多破绽的。因为压力本来就是无所不在的，从一个人出生开始，压力就如影随形。即使作为一个孩子，虽然没有生计的烦恼，却也要熟悉这个新世界的冷热惊喜，也会有各种各样莫名其妙的需求及无法满足的失落。

等到稍大一点，孩子又会因为复杂的社会因素，与他人进行比较、竞争，形成实际的压力。

等到再大一点，只要孩子对生活有了较为明确的目标和要求，就必须承受一份来自环境、体系、制度的压力。但是，因为孩子天性中具备接受新鲜事物的特质，所以他们大多能很快消除压力带来的不适，进而稳重、沉着地应对挑战。

压力有大有小，你把它看得重，它就重；你把它看得轻，它就轻。与孩子的善于遗忘和善于学习相比，成年人由于太依赖习惯和常规，对压力的态度就显得不那么友好！

然而，适当的压力对人来说，绝对是不可缺少的清醒剂。它让你不畏惧困难，懂得思考如何进入新的局面、如何打破旧的格局，甚至**让你萌发自信和勇气，这些都是帮助你将来获得幸福的先决条件。任何人都要接受压力的挑战。**

著名的恺撒从一个没落贵族荣升到罗马最高统帅，建立起庞大的帝国，每个时期他都肩负着沉重的压力，跨越重重险阻，最终收获成功。

恺撒19岁时，家族权威人士从集团利益出发，要求他放弃原来的婚约，与当权派人家的女儿攀亲，甚至不惜使出各种手段进行胁迫。然而面对阻力，恺撒毫不退缩，坚持自己的主张，甘愿让个人财产和妻子的嫁妆被没收，并上演了一场出逃完婚的剧目，为自己赢得了信守诺言的美誉，这也是后来将士们愿意追随他的重要原因。

当恺撒搬开了第一个巨大压力后，他又用了足足38年的时间，一步步从军营、战场，走向政坛，而在这一过程中，他时刻都要对抗难以计数的压力。在与压力抗衡的过程中，恺撒没有浪费时间去烦恼，而是把越来越沉重的压力变成动力，他不断挖掘自己的各种优势，包括发挥他的军事才能，并用他英俊的容貌、机智的谈吐以及坚毅、镇定的心志博得大家的重视，彻底扫除拦在成功前面的障碍。

美国总统华盛顿说："一切和谐与平衡，健康与健美，成功与幸福，都是由乐观与希望的向上心理产生与造成的。"不因压力而放弃既定的目标，这是恺撒取得辉煌成绩的原因之一。

明知道压力不可能消失，整天妄想没有压力的生活无疑是给自己心里添愁。

其实，遭遇压力时最聪明的做法就是赶紧跳出来，分析自己的压力来源，思考如何将它转变成有效的动力。

压力太大，容易让人一蹶不振；压力太小，则容易让人滋生惰性。

适度的压力，不仅能让人保持清醒和活力，还能让人产生自我认同的心理。拿拳击比赛来说，有经验的教练都会帮选手挑选实力差不多、刚好可以刺激选手斗志的陪练进行训练，让选手可以在每一次比试中慢慢地进步。因为有外来的刺激，选手们不会有停滞不前的困惑，也不会盲目自信，如此他们才能通过不断克服压力，逐渐提升自己的实力。

既然压力人人都有，无法完全消除，那么，我们不妨利用压力来改变我们的生活，创造出一个自己想要的结果。诗人歌德说："大自然把人们困在黑暗之中，迫使人们永远向往光明。"

20世纪,最伟大的喜剧演员卓别林出生,遗憾的是他的父母后来因感情不和而离婚。当卓别林身体虚弱的母亲在一次演唱时遭到观众喝倒彩,即将失去唯一的经济来源时,小卓别林却勇敢地走上舞台代替母亲继续演出。没有想到,卓别林虽然是初次表演,却十分冷静,他故意装出和母亲一样的沙哑歌喉来演唱,最后竟意外得到了观众的认可,赢得热烈的掌声。虽然这次危机来得很突然,但卓别林却能及时解除,这次的表演,无疑是他成功的第一个信号。拿破仑曾说:"最困难之时,就是离成功不远之日。"从那以后,尽管生活还是无比艰难,但卓别林却认识到自己在舞台上的魅力,他忘记了那些贫苦、抱怨,一次次认真学习表演的技巧。

1925年,卓别林完成了描写19世纪末美国发生的淘金狂潮的长片《淘金记》,奠定了他在艺术界的地位。但是压力并不因为成功的到来而却步,由于有声电影的兴起,逐渐取代了传统的默片,卓别林的日子又逐渐变得难熬起来,不仅要面对事业的没落,还要承受母亲去世的悲伤,还有和妻子沸沸扬扬的离婚案,以及电影《城市之光》的停停拍拍及放映权的谈判……重重压力下,让一贯以喜剧角色出现在世人面前的卓别林仿佛苍老了20岁,一缕缕白发悄悄渗出。

当卓别林有一天突然意识到自己的颓丧于事无补时,他决定放下压力,横渡大西洋展开一次欧亚之旅,既是散心,又可以趁机为新片做宣传和吸收新知识。

卓别林用了很长一段时间才让自己在压力中恢复工作激情,最后他终于重拾风采,带着《摩登时代》出现在人们面前,获得了巨大的成功。

每个人在每个时期都会碰到压力。压力来临的时候,我们千万不要退缩、回避,而是应该认真地接受它,找到改善的方法,如此才能把因为情绪所产生的不必要压力统统释放！

用勇气和智慧去正视压力，压力就会变小，事态也会渐渐朝好的方向变换，这就是眼前的大成功。

3. 当"倒霉"爱上你，甩了它

你永远不是最倒霉的那一个，总有人比你更糟糕。当你遇到不开心的事时，想想那些比你更糟糕的人，他们比你更有资格唉声叹气、自暴自弃。

有时候，倒霉会爱上你，跟你形影不离。你到哪里它就跟到哪里，你差点就要被它给逼疯了，生活变得一团糟，你的心情完全像"乌云遮月"一样阴暗。你怎么办呢？怎么才能让心情好起来呢？这时，你只要想想还有人比你更糟糕。

在印度的一个工地上，工人们正在辛苦地盖房子。这个房子有两层楼高，房子盖得差不多了，但是房顶上剩了很多砖，于是老板就让一个建筑工人爬到房顶上，去把那些多余的砖弄下来。这个建筑工人很聪明，他想到了一个省力省时的好办法。他做了一个简单的定滑轮固定在房檐上，然后用一根很结实的绳子绕过滑轮，一头系着一个盛砖的大筐，另一头系在地上固定住。弄好后他就往筐里装满了砖，这筐砖比他的体重要重。接着他就下到地面，解开了系在地上的绳子。结果灾难发生了，这个工人一下子被筐拉起来了，升到中间时，急速下降的筐正砸向他的头，他一偏脑袋，筐砸断了他的左锁骨。但是筐还在继续下降，这个工人也继续在上升，升到房顶处的时候，他的手指卡在那个定滑轮的槽里，两根手指一下就被卡断了。这时筐也掉到了地上，砖头散落了一地。这下筐一下变轻了，所以就往上升，而人自然往下降，结果在中间这个工人又被筐撞断了两根肋骨。最后这个工人一屁股降到地上，屁股又被乱砖给扎烂了，他手一松，结果筐一下掉下来砸在他的头上，当场把他给砸死了。

想必你没有比这个建筑工人更倒霉吧，所以，如果你遇到倒霉事，就想想这个工人，你应该庆幸才对。

要说起倒霉，谁都有一箩筐的倒霉事。在网上随便输进去倒霉两个字，就能搜出上千万条"倒霉"信息，谁都觉得自己是最倒霉的人，可以看到很多类似"我是世界上最倒霉的人""有谁比我更倒霉""为什么我这么倒霉"的标题，总之，就是很倒霉、很郁闷、很难过、很痛苦。难道生活真是没劲透了？活着还有什么意思？可是看看下面这个故事，你也许会改变之前的想法。

曾经也有个自认为很倒霉的人，他叫哈维。哈维常为很多事情而忧虑，觉得自己很倒霉，先是工作没了，后来经商被骗破产了，花了七年时间才还清债务；妻子离他而去；孩子也总是给他找麻烦……总之，没有一件让他高兴的事，他觉得上天对自己太不公平了，什么倒霉事都让他赶上了。可是，有一天哈维突然转变了，人变得乐观起来了，不再时时抱怨说自己如何倒霉了。

那是1934年的春天，哈维正在一条街道上无精打采地彷徨，突然有一幕景象落到了他的眼里，让他备受触动。他看见路对面来了一个没有腿的人，坐在一块简易的木板上，木板下面像溜冰鞋一样装了滑动的轮子，两手拿了木棍撑住地面往前滑，时刻注意躲闪过往的车辆和行人。这人过街后，准备把自己挪到人行道上去，人行道比马路高出几英寸，正当他的小板子翘起来的时候，哈维正好跟他目光相对，这人坦然快活地说："早上好，今天是个好天气，你觉得呢?"哈维有点吃惊，直到那一刻他才发现自己其实是很幸运的，至少他还有两条健康的腿，能活蹦乱跳的，面对这样一个勇敢对待生活的人，哈维为自己以前的自怨自艾感到羞愧，自己根本就算不上一个倒霉的人，这件事让他决心改变。

从此，哈维每天早起在刮胡子的时候，就看看贴在镜子上的那句话："别人骑马我骑驴，回头看看推车汉，比上不足，比下有余。"总有人比自己更倒霉，没有理由沮丧，生活其实很美好。

犹太人有句谚语："假如你失去一只手，就庆幸自己还有另外一只手，假如失去两只手，就庆幸自己还活着，如果连命都没了，就没有什么可烦恼的了。"当你觉得倒霉的时候，不妨换个角度看问题，看看自己还拥有什么，这样你会觉得自己还是很幸运的。比如，当你为洒掉半杯啤酒而懊恼时，不如为拥有半杯啤酒而快乐；再比如不小心摔倒时，你应该想幸好我是在这里摔倒，而不是在危险的地方摔倒，**真是老天保佑，真是太幸运了。**

曾有一个朋友跟随旅游团乘大巴车去外地观光。路上要经过一段弯行的山路，十分崎岖。不过司机说没问题，他对这条路很熟，把车开得很快。正当大家兴致勃勃地观赏窗外的风景时，悲剧发生了，大巴车与一辆货车几乎走了个对面，大巴车匆忙躲闪，由于车速过快，失去控制，一下就翻到了山沟里。车里的乘客非死即伤，这个朋友也伤得很重，左腿被重重地卡到了车座里。后来被送进医院，医生不得不宣布截去他的左腿，这意味着他从此要与假肢、拐杖和轮椅为伍了，但是这位朋友醒来后，没有痛苦多长时间，反而非常乐观。亲戚朋友们来看他，以为他是在强颜欢笑，一边安慰他，一边说他倒霉。但是这位朋友却说："还好，我觉得我很幸运，除了这个不听话的腿，我身上其他零件都还好好的，什么也耽误不了。那些丢了命的人才是最倒霉的。"

记住，你永远不是最倒霉的那一个，总有人比你更倒霉。当你遇到不开心的事时，想想那些比你更倒霉的人，他们比你更有资格唉声叹气、自暴自弃。你仔细想想，你是不是还拥有其他的东西？比如有份自己喜欢的工作，有两个可以诉苦的闺密或哥们儿，还有几件不错的衣服可以替换，还抽得起烟，还能去上网，还能到父母家去蹭吃蹭喝，还有一把力气，还能看见明天的太阳……你还有什么不满足的呢？

4. 当痛苦缠着你，承认它

人们不喜欢或者害怕自己身上发生悲剧，却又常常被别人身上的悲剧所打动。但谁也无法避免悲剧的发生，比如我们遭遇了疾病、意外，失去了健康、财产等，这都会让我们自责、后悔、抱怨，在痛苦中纠缠不休。

如果木已成舟，任何挣扎和改变都是徒劳，那不如接受。我们不是世界的操控者，所以有些事情是我们不能把握和控制的，但是我们是自己情绪的操控者，要清楚地明白既然木已成舟，就意味着放弃了很多的可能性，哀叹和惋惜并不能挽回这块木头的命运。

无法接受痛苦的时候，痛苦就像是紧箍咒。越痛越紧，越紧越痛。而在幻念之中，痛苦是有形状的，它就是一张劈头盖脸撒下来的大网，越是挣扎越是痛苦；痛苦是有颜色的，是漫无边际的黑色；痛苦是有重量的，它堪比三座大山的压迫。痛苦的心情是抱臂冷观的幸灾乐祸，但是它惧怕你，惧怕你站起来，用那双寻找光明的眼睛直视它、面对它，当你遭受了痛苦再次站起来跟它面对面的时候，你已经粉碎了痛苦。

英国史学家卡莱尔，经过多年的艰辛耕耘，终于完成了《法国大革命史》的全部文稿。他将原始稿件送给了好友米尔阅读，他希望米尔能够给自己提出更好的建议。可是，没过多少天，米尔就脸色苍白、浑身发抖地跑来向卡莱尔报告了一个再悲惨不过的消息。原来《法国大革命史》的原稿，除了少数几张散页外，已经全被他家里的女佣当作废纸，丢入火炉化为灰烬了，没有再找到的可能了。

更让卡莱尔绝望的是，当初他每完成一章，佣人便随手撕碎了原来的笔记、草稿，没有留下任何记录。这意味着他若想继续，一切都必须从零开始。

但是，向子孙后代讲述法国大革命史的愿望渐渐驱散了绝望之云。他重振精神，买来一大沓稿纸，决定重新收集整理素材，重写《法国大革命史》。

后来他说："这一切就像我把笔记簿交给老师批改时，老师对我说：'不行！孩子，你一定要写得更好些！'"

卡莱尔重新查资料，记笔记，在第一部的基础上，更加完善地完成了《法国大革命史》的文稿。

很多时候，当我们犯下错误时，有的人总是待在悔恨的误区中不能自拔，为此让自己的心永远站在了失败上。

既然没有能力改变过去，既然到最后还是要承认、面对、接受，不如早一点主动去接受那些不幸，接受生活的真相。

当你接受了，就不会浪费时间再去抱怨诸多不公，抱怨自己命运坎坷。然后才能心境坦然地面对，也才能由此迸发出更多的正能量。

在许多人眼中，美国著名的投资大师奥尔特·巴顿是个非常聪明的投资者。然而，即便巴顿再聪明，也有犯错的时候。

几年前，巴顿在一次看似十拿九稳的投资中，因为一个粗心的分析，导致数据出现偏差，损失了一大笔资金。但是巴顿却显得异常沉着，没有在错误出现的时候手忙脚乱，也没有推脱自己的责任，而是主动诚恳地向合伙人道了歉，并且宣布"一定会从这次失误中吸取教训"。

之后巴顿再次投资时，吸取了上次的经验，最终获得了巨大的成功。在接受记者采访时，巴顿大声宣告："如果能时刻反省自己的不足，那么上一次失败的经验，将会成为这一次成功的秘诀。"

换个角度看，不幸不正是催生美好未来的力量吗？霍金、贝多芬、海伦·凯勒，并不是因为上帝多么垂怜他们，事实上，相对于普通人，上帝给他们的更少一些，只不过他们比一般人更勇于接受事实，接受生活的真相。

悲剧发生了，就要给它一个名片，承认它。承认是第一步，不承认它你就无法面对它，不面对又如何解决它？

用尼采的话说：正视它之后并没有被吓瘫，"用形而上的慰藉"使人感觉到"不可遏制的生存欲望和快乐"。将那些痛苦用形而上的意识转化为意志力的"运动场"，当你大汗淋漓地跑完全程，克服了跌倒和疲劳，就会获得愉快的体验。心理学家把这些轻度悲剧比作"精神补品"，因为每承认一次，面对一次，就多了一份勇气，为精神加大了承受度。

5. 当孤独来临时，拥抱它

生活中，很多人都害怕孤独。但有时候一大帮人在一起打打闹闹，孤独的感觉却比一个人的时候还要强烈。因为你与周围的人格格不入，无法进入那种热烈的气氛里面，在这种热烈气氛的映衬下，你觉得自己更加孤独。而一个人的时候，海阔天空地遐想，反而并不孤独。

可见，呼朋唤友，置身于喧嚣的人际关系中，并不是驱除孤独的方法。唯一的方法是哲学家说的"真正爱自己，依靠自己的力量"。

我们只有凭借体内自有的韧性和生命力去战胜经常驾临的孤独感，能和自己做朋友，这才是自由的胜利。这个朋友永远在你身边，无论你落魄还是发达，开心还是难过，他都在你身边鞭策你、激励你、安慰你。

有人曾问斯多葛学派的创始人芝诺："谁是你的朋友？"

他说："另一个自我。"

人生在世，不能没有朋友。但在所有的朋友中，我们最不能忽略的一个朋友是自己。

能不能和自己做朋友，关键在于他有没有芝诺所说的"另一个自我"。这另一个自我，实际上就是一个更高的自我，同等重要的是你对这个自我的态度。

有些人不爱自己，常常自怨自叹，如同自己的仇人。有的人爱自己而缺乏理性，过分自恋，如同自己的情人，在这两种情况下，另一个自我都是缺席的。

成为自己的朋友,这是人生很高的成就。古罗马哲人塞涅卡说,这样的人一定是全人类的朋友。法国作家蒙田说,这比攻城治国更了不起。

和自己做朋友,就要真正爱自己。

法国时尚杂志ELLE(《她》)曾经做过一项调查——"假如我们对你的恋人或丈夫做一次采访,你最想从他们的嘴里知道些什么?"被调查者都不约而同地回答:"他还爱我吗?"

他还爱我!这就是多数人想从恋人那里得到的答案,其中女性占多数。

而我们想问的问题却是:"你还爱自己吗?"

也许你会说,谁不爱自己呢?是的,没有谁不爱自己,但真正是不是、会不会爱自己,却是一个问题。比如说,你每天真正预留了多少专属自己的时光,没有动机,没有功利,没有交换,只是让自己充分自在地舒展开来,感受着自己,感知到自己。

在更多的时间里,你恐怕都忙于应付各种需要了:为家庭,为工作,为孩子……即使在一人独处不需要应酬时,你是不是也常会忘记要应酬自己?而依然在行为上或者脑子里惯性地应酬着这个或那个,或者自觉在鞭策自己,去充电,恶补情商或者管理经?

这些都不是真正爱自己的表现,都不能真正地滋养自己。爱自己,不是以物质贿赂自己,掷千金并不见得是犒赏了自己;不是拿成就激励自己,成功也不见得能喂饱你;当然更不是以别人的眼光或者标准苛求自己,别人都满意了你却不一定能够满意。

爱自己就是对自己的欣赏和喜欢,因为这个世界上你是独一无二的，你就是这个世界的唯一。

爱自己，并不是盲目自恋，而是能够认识到自己的缺点，坦然地接受自己的一切，不管是优点还是缺点。真心爱自己的人懂得快乐的秘密不在于获得更多，而是珍惜所拥有的一切。你会觉得自己是那样地受上天的恩宠，是那样幸福地生活在这个世界。这是一份难得的乐观心境，更是快乐的始点。具有这样心境的女人，无论是对生活、环境，还是对周围的亲人、朋友，都会自然流露出一股喜悦之情，感动自己，影响他人。

爱自己，和另一个自我做朋友，你才能真正远离孤独。

当然，这绝不是推崇我们去垒一道墙，躲在里面，拒绝关心与问候，而是要你学会和内心的另一个自我相处。这样，你才能成长为独立的一棵大树，而不是缠绕在别人身上依赖别人营养的藤蔓。大树的枝丫可以在空中恣意摇曳、伸展，没有固定的姿态，却有一种从容，一种得心应手的自信。

哲学家尼采在《查拉图斯特拉如是说》中写道："你在内心深处很清楚即使你身在人群之中，你也是跟一群陌生人在一起。对你自己来说你也是个陌生人。"

如果你和自己都是陌生人，即使朋友遍天下，也只是热闹而已，你的内心仍然是孤独的。

身边多一些朋友，也许可以让你远离形单影只，却难以消除你内心的孤独感。就像金钱可以帮你打发空虚，却无力填充你的孤独。"孤独感是心灵深处盛开的罂粟，让你和自己的灵魂对饮。如果你懂得爱自己，善待自己，别人就容易看到你的魅力，会称赞你，你会从这些赞扬中得到更多的自信，你也就会活得越发光彩，永远保持对生活的热情，这是个良性循环。"

周国平先生解读独处的孤独时说："世上没有一个人能够忍受绝

对的孤独。但是,绝对不能忍受孤独的人却是一个灵魂空虚的人。"越伟大越不同凡响的人,也就越孤独。"古来圣贤皆寂寞",孤独使一个人更加深刻、更加明智地观察生活的高度,观察自己的思想。一个人适当地独处,对我们的人生没有坏处,对于我们的内在气质和涵养倒是有一种由内而外的提升,这种变化是潜移默化的。在孤独中跟自己相处得愉快或平静,这个人的身上就会散发出自信或者稳定的人格魅力。

孤独不仅仅是一种状态,更是一种能力。不可避免的孤独来袭时,就勇敢地面对它,跟自己握手。人的灵魂需要孤独陪伴,那么,我们就不应该拒绝独处、逃避孤独,放开所有的负面情绪,拥抱孤独的自己,跟它耳语一番有何不可?

6.当失败缠着你,扔了它

从每一次失败中,我们都可以了解自身存在的不足。如果换一个角度来看待失败,那么你会发现每一次的失败都是一个超越自我的契机。

日本企业家本田先生说:"很多人都梦想成功,但实际上,为了实现成功的梦想,是需要付出失败的代价的,只有经过多次的失败和反思,才能获得成功。"

有一天,森林之王狮子来到了天神面前说:"我很感谢您赐给我如此强健的体格、强大的力气,让我有能力统治整个森林。"天神听了,微笑地问:"这不是你今天来找我的目的吧?看起来你似乎为了某种事而困扰呢！"狮子轻轻吼了一声，说："天神真是了解我啊！我今天来的确是有事相求，因为尽管我的能力再强，但每天清晨，总是会被鸡鸣声给叫醒。神啊！祈求您再赐给我一种力量，让我不再被鸡鸣声给叫醒吧！"

天神笑道："你去找大象吧，它会给你一个满意的答复。"狮子兴冲冲地跑到湖边找大象，还没见到大象，就听到大象跺脚所发出来的"砰砰"的响声。狮子跑上去问大象："你干吗发这么大的脾气？"大象拼命地摇晃着大耳朵，吼着："有只讨厌的小蚊子总想钻进我的耳朵里，害我都快痒死了。"

狮子离开了大象，暗自想着："原来体形这么大的大象，还会怕那么瘦小的蚊子，那我有什么好抱怨的呢？毕竟鸡鸣也不过一天一次，而蚊子却是无时无刻不骚扰着大象呢。这样想来，我可比他幸运多了。"狮子一边回头看着仍在跺脚的大象，一边心想："天神要我来找大象，应该就是想要告诉我，谁都会遇上麻烦事，而他无法帮助所有人。既然如此，那我只有靠自己了！反正以后听到鸡鸣时，我就当作鸡在提醒我该起床了，如此一来，鸡鸣声对我还是有益的啊！"

狮子的故事告诉我们每个困境都有其存在的正面价值。在做事的过程中，我们应该借鉴狮子的思维。鸡鸣声虽然令狮子感到十分困扰，但换个角度看，鸡鸣声也是一种鞭策它的力量，可以提醒狮子每天勤奋早起。其实失败对于人，就像鸡鸣声对于狮子一样。失败会让人尝尽苦头，遭受打击，但也可以使人成长。因此，我们要让失败变成一种对自己的考验，学会在失败中抓住机会。在失败之后，我们就会失去一些东西，但同时，我们眼前也可能出现一片更广阔的天地，我们得到的也许会比失去的还多。

无论我们是谁，做着什么样的工作，都是在失败中成长起来的。一个人经历的失败越多，进步就越大，这是因为他能从中学到许多经验。

小泽征尔先生是全日本足以向世界夸耀的国际大音乐家、名指挥家。然而，他之所以能够建立如今名指挥家的地位，是参加贝桑松音乐节的"国际指挥比赛"带来的。在这之前，他不只与世界无关，即使在日本，也是名不见经传。因为他的才华没有表现出来，不为人所知。

他决心参加贝桑松的音乐比赛，来个一鸣惊人，克服了重重困难之后，终于充满信心地来到欧洲。但一到当地后，就有莫大的难关在等待他。他到达欧洲之后，首先要办的是参加音乐比赛的手续，但不知为什么，证件竟然不够齐全，不被音乐节执行委员会正式受理，这么一来，他就无法参加期待已久的音乐节了！一般说到音乐家，多半性格内向而不爱出风头，所以绝大多数的人在遇到这种状况时，必是就此放弃，但他却不同，他不但不打算放弃，还尽全力积极争取。

首先，他来到日本大使馆，说明事情的原委，然后请求帮助。可是，日本大使馆无法解决这个问题，正在束手无策时，他突然想起朋友过去告诉他的事。"对了！美国大使馆有音乐节，凡是喜欢音乐的人，都可以参加。"他立刻赶到美国大使馆。这里的负责人是位女性，名为卡莎夫人，过去她曾在纽约的某乐团担任小提琴手。小泽征尔将事情的本末向她说明，拼命拜托对方想办法让他参加音乐比赛，但她面有难色地表示："虽然我也是音乐家出身，但美国大使馆不得越权干预音乐节的问题。"

卡莎夫人的理由很明白，但他仍执拗地恳求着。表情原本僵硬的她，逐渐浮现笑容。思考了一会儿，卡莎夫人问了他一个问题："你是个优秀的音乐家吗？或者是个不怎么优秀的音乐家？"他刻不容缓地回答："当然，我自认是个优秀的音乐家，我是说将来可能……"他这几句充满自信的话，让卡莎夫人的手立时伸向电话。她联络贝桑松国际音乐节的执行委员会，拜托他们准许小泽征尔参加音乐比赛，结果，执行委员会回答，两星期后做最后决定，请他们等待答复。此时，他心中仍有一丝希望，心想，若是还不行，就只好放弃了。

两星期后，他收到美国大使馆的答复，告知他已获准参加音乐比赛。这表示，他可以正式地参加贝桑松音乐节的国际指挥比赛了！参加比赛的人，总共60位，他很顺利地通过了预选，终于进入正式决赛，此时他严肃地想："好吧！既然我差一点就被逐出比赛，现在就算不入选也无所谓了！不过，为了不让自己后悔，我一定要努力。"

后来他终于获得了冠军。

小泽征尔在成名前遇到了一些困难，如果他退缩、害怕失败，那么就不会获得后来的成就。只有努力把握机会，你才有可能拥有一个成功而没有遗憾的人生。

失败可以磨炼人的意志，增强一个人的毅力。如果把挫折仅仅看成一种失败、一种灾难，那么你一遇到挫折就会陷入焦虑、忧愁、痛苦中无法自拔。害怕失败、在困难面前退缩的人会失去磨炼意志的契机，进而也会失去成功的机会。

生活中的强者总是能坦然地面对失败，冷静地分析原因，以乐观向上的态度、坚定不移的信心以及百折不挠的精神去努力、去奋进，进而让自己迈向更高的台阶。

7. 当别人不看好你，跟心走

我们经常用"黑马"这个词来形容出乎意料的赢家。"黑马"之所以"黑"，其成功之所以出乎意料，就是因为之前他不被看好，但他最终却做出了令人瞠目结舌的成绩，证明了自己的能力。

我们都希望演绎出辉煌的成就和创造个性的自我，都希望自己的风度学识、动人的歌喉或是翩翩起舞的身影能得到别人的认可和掌声，但是在实现这一切之前，很可能受到他人的讥讽和嘲笑。他人总会怀疑我们的梦想，怀疑我们无法完美地完成手头的工作，越是这个时候，越说明我们"证明自己的时候到了"。

麦克阿瑟在西点军校考试的前夜，感到非常焦虑，非常害怕自己会落榜。

这时，他的母亲走过来，说："我的儿子，你必须相信你自己，为自己鼓掌。只要抛弃了内心的怯懦，给自己一份信心，你就一定能赢。尽管你没有把握成为第一，但你要有充分的信心，即使最后没有通过，但你知道自己已经全力以赴了，不留遗憾。记住，儿子，没人给你鼓励就自己给自己鼓掌。没有人相信你的时候，也正是你证明自己的时候。"

母亲的话给了他极大的鼓励与支持，第二天，他满怀信心地走进考场……后来，西点军校的考试成绩公布了，麦克阿瑟名列第一。

这次之后，他牢牢记住了母亲的话："没有人相信你的时候，也正是你证明自己的时候。"凭着这种自信，他取得了一次又一次的胜利，成为美国历史上著名的将军。

生活中，很多人不看好我们，并不是因为他们真正了解我们的能力，而是通过我们的教育背景、社会地位、经济状况等来判断，这种判断往往是不正确的。我们没有必要把他人的眼光看得太重，对于自己的生活，只要我们不失掉自信就好了。拿破仑说过："一个人应养成信赖自己的好习惯，即使再危急，也要相信自己的勇气与毅力。"

有人说："所谓机会，就是别人不看好你的时候你去做了；所谓抓住机会，就是做好自己的事，走好自己的路。"奋斗的过程当中，大多数人只能在镁光灯的背后呢喃或独白，没有人关注，没有人在意，没有人给予簇拥的鲜花和热烈的掌声。这正是我们默默付出的最佳时机。

19世纪末，梅兰芳出生于京剧世家。他从小喜爱京剧，八岁的时候，向家里提出请求：要拜京剧大师学艺。对于梅兰芳的这一请求，家里自然是答应，于是就开始给他物色老师。梅兰芳要学的是旦角，男孩子学旦角，唱、念、做、打，都要模仿女性。刚学的时候，梅兰芳入门很慢，一出戏师傅教了很长时间，他还没有学会。耐不住性子的师傅找到梅兰芳的父亲说："这孩子不行，不是块唱戏的料。"

父亲将师傅的话告诉了梅兰芳，梅兰芳听后非常难受，但是他并没有气馁，他知道越是这个时候，他越要证明自己。这股子倔强上来，他下定决心要学会唱戏。没人教，他就自己学，用心思考，反复练习，一段唱词，别人唱几遍就不练了，他总要坚持练二三十遍。经过刻苦练习，他终于练出了圆润甜美的嗓子。

梅兰芳的眼睛没有神，京剧师傅向他的父亲说："这孩子的眼睛是'金鱼眼'。"梅兰芳知道自己的眼珠并不灵活，便养了几只鸽子，每当鸽子飞起的时候，他就紧紧盯着飞翔的鸽子，锻炼自己的眼睛。他还经常注视水中游动的鱼儿。渐渐地，他的双眼越来越有神。日子一长，人们都说，梅兰芳的眼睛会说话了。

就是在这么刻苦的练习下，梅兰芳由当初的"不是唱戏的料"终于唱成了名角，最后还成了独创一派的宗师。

有些时候，别人总会用他们眼中的"事实"来证明我们的选择是错误的，劝告我们不要继续自己的梦想。这时，我们应该按照他们所说的去做吗？如果他们给我们指出的缺点是对的，那么我们就改正缺点，如果他们跟我们说的一切就是为了让我们放弃，那么，我们一定要证明自己，因为这是求之不得的机会，如果他们都提前肯定了我们，那么我们就没有奋斗的意义了。

每个人都是一只水晶球，晶莹闪烁，然而一旦受到他人的非议："你不够闪烁，你不够漂亮！"有的人或许就会让自己在黑夜中悄悄消殒，但是，欣赏和肯定自己的人不会因此而放弃光芒，而是抓住机会，将世界五颜六色的光折射到自己生命中的各个角落来遮住暗淡和悲伤，坦然面对一切，心跟着美丽，生活也必将跟着焕然一新。

第 二 章

如果人人都了解你，
那你该是有多普通

1. 我就是我，颜色不一样的烟火

原本千姿百态、各有风貌的种种人类活动，如今仿佛都已具有了整齐划一的模式。譬如说，谈到穿着，男士一律是西装领带，女士则五花八门；谈到人际交往，就只顾相互逢迎，委婉附和；谈到美，又必然是节食减肥才可得到。据说，连如何走路，如何恋爱，如何生孩子，如何写文章也有严格的"规律"可循。一切的一切，都毫无例外地存在着"规则""公式""诀窍"或者"法门"。

但是，这真的是你想要的生活吗？

在墨西哥海岸边，一个美国商人坐在一个小渔村的码头上，看着一个墨西哥渔夫划着一艘小船靠岸，小船上有好几尾大黄鳍鲔鱼。美国商人对墨西哥渔夫捕到这么高档的鱼恭维了一番，并问他要多少时间才能捕这么多？

墨西哥渔夫说："才一会儿工夫就捕到了。"美国人再问："你为什么不待久一点，好多捕一些鱼？"墨西哥渔夫觉得不以为然："这些鱼已经足够我一家人生活所需啦！"美国人又问："那么你一天剩下那么多时间都在做什么？"

墨西哥渔夫解释："我呀？我每天睡到自然醒，出海捕几条鱼，回来后跟孩子们玩一玩，再跟老婆睡个午觉，黄昏时晃到村子里喝点小酒，跟哥们儿玩玩吉他，我的日子过得充实又忙碌呢！"

美国商人不以为然，他说："我是美国哈佛大学企管硕士，我倒是可以帮你的忙！你应该每天多花一些时间去抓鱼，到时候你就有钱去买条大一点的船。自然你就可以捕更多鱼,再买更多渔船。然后你就可以拥有一个渔船队。到时候你就不必把鱼卖给鱼贩子,而是直接卖给加工厂。或者你可以自己开一家罐头工厂。如此你就可以控制整个生产、加工、处理和营销。然后你可以离开这个小渔村,搬到墨西哥城,再搬到洛杉矶,最后到纽约,在那里经营你不断扩充的企业。"

墨西哥渔夫问:"这要花多少时间呢?"

美国商人回答:"十五年到二十年。"

墨西哥渔夫问:"然后呢?"

美国商人大笑着说:"然后你就可以在家当皇帝啦!时机一到,你就可以宣布股票上市,把你公司的股份卖给投资大众。到时候你就发啦!你可以几亿几亿地赚钱!"

墨西哥渔夫问:"然后呢?"

美国人说:"到那个时候你就可以退休啦!你可以搬到海边的小渔村去住。每天睡到自然醒,出海随便抓几条鱼,跟孩子们玩一玩,再跟老婆睡个午觉,黄昏时,晃到村子里喝点小酒,跟哥们儿玩玩吉他喽!"

墨西哥渔夫疑惑地说:"我现在不就是这样了吗?"

美国商人的思维模式,其实就是现代社会大多数人眼中的成功模式、幸福模式。人们默契达成的社会共识成为一把量尺,以各种刻度度量每个人的生活状态。要有一份稳定的工作,最好是公务员;要在适当的年龄领证结婚,及时生养孩子,给孩子最好的一切;要有一套房,买上一辆家用车……一切标准之外的选择很难获得社会的认可,在旁人眼里就意味着不幸福不成功,若不从众,便有被主流社会排斥在外的孤单悲凉感。

然而,模式化的幸福也许会带来些许安全感,却未必能给你带来真正的幸福感与成就感。不知道你有没有发现,所有的这些标准,都是来自他人、他物,没有一样出自于你自己的内心,是真正属于你自己的。但实际上,你的幸福恰恰来自你的内心。如果因羡慕或者迎合别人的幸福生活而改变自己生活的意义,那样的生活还是属于自己的吗?或者,会真正幸福吗?

相信你的心里已经有了答案。菜有百味,人有百种,相对应的也该是百花齐放的人生,稳定却略有乏味的标准化幸福不可能适合每个人。一旦进入名为"幸福"的模具里,性情被磨平,才华被压制,自然会在心理上产生反弹,故而焦虑和苦闷情绪弥漫在看似风光却内心苦涩的人群中。所以,千万别被标准化的"幸福"绑架了自己的人生,每个人自由发展,尽展才情,才是一个开放多元社会的良性发展态势。

不管你的梦想是什么,请用你自己的方式、创新的方式把它展现出来,成就完完全全属于你的志愿。无须步人后尘,无须和别人比较,从内心出发,追寻自己的梦,这就是你的生命价值。

首先,真实地投入生活。童年时候的我们,原本是有棱有角的石头。可是,经过岁月的磨砺之后,变得圆滑了。当我们将自己的人生之路走顺的时候,当我们停下脚步对自己进行反省的时候,往往会悲哀地发现,我们已经不再是以前的那个自己了,在不知不觉中,我们将真实的自我,变成了一个滑稽可笑的模仿者。这样的伪装也许情有可原,但我希望你知道:只有真实地投入到生活中,找到自己喜欢做的事情,找到能让自己开心的事情,才是快乐的,即使是苦中作乐。

其次,必要时装聋作哑。人会迷失自我,常常是因为受到周围信息的暗示,并把他人的言行作为自己行动的参照。所以,要想活出自己的方式,你需要学会在必要时装聋作哑。正如诗人歌德曾说:"每个人都应该坚持走自己开辟的道路,不被流言所吓倒,不受他人的观点所牵制。"必要时学会装聋作哑,正是为了避免你被流言所困扰,任凭路边的狂风吹个不停,任凭枝头的鹦鹉叫个不停,只管昂首阔步、面带微笑地赶你的路。

最后,要懂得珍惜眼前的生活。一旦选择了就不要后悔,要充分享受生活,不要等到错过了才明白自己到底想要什么。要知道人生有限,生命弥足珍贵,所以要把握现在,珍惜眼前的幸福,只有这样才能更好地畅享人生。

2. 无须讨好世界,但求我心欢喜

季羡林曾说:每个人都争取一个完满的人生。然而,自古及今、海内海外,一个百分之百完满的人生是没有的,不完满才是人生。

想想确实如此,除了苏东坡先生的"人有悲欢离合,月有阴晴圆缺,此事古难全"外,有"鱼与熊掌不可兼得",还有"不如意事常八九,可与言人无二三""家家有本难念的经"等。由此可知,人自从一生下来面对这个未知的世界,就注定了每个人的人生都是不完美的。

有位伟大的雕刻家,他的艺术是如此的完美,以至于当他完成一座雕像时,人们几乎难以区分哪个是真人、哪个是雕像。有一天,占星师告诉雕刻家他的死亡期限即将来临。雕刻家非常忧心,他开始害怕,就像所有人一样,他也想要避免死亡。他静心思索,最后想到一个方法,他做了11个自己的雕像。当死神来敲门时,他藏在那11个雕像之间,屏住了呼吸。

死神感到困惑,他无法相信自己的眼睛,从未发生过这种事:12

29

个一模一样的人站在他面前。从没听说过上帝会创造出两个完全一样的人，他的创造总是独一无二的，上帝从来不相信任何惯例，所有东西都是唯一的。

到底怎么回事？12个一模一样的人？他只能带走一个，现在，他该带走哪一个呢？死神无法做决定。带着困惑，他回去了，他问上帝："你到底做了什么？居然会有12个一模一样的人，而我要带回来的只有一个，我该如何选择？"

上帝微笑着把死神叫到身旁，在死神耳旁轻声说了一个方法，一个能够在"赝品"之中找出真品的方法。他给了死神一个秘密暗号，他说："你到那个艺术家藏身于雕像间的房间里，说出这个暗号。"

死神问："真的有用吗？"上帝说："别担心，你试了就知道了。"

带着怀疑，死神去了。他进了房间，往四周看了看，说："先生，一切都非常完美，只有一件小事例外。你做得非常好，但你忘记了一点，所以仍然有个小小的瑕疵。"

雕刻家完全忘记自己得躲起来一事，他跳了出来问："什么瑕疵？"

死神笑着说："抓到你了吧，这就是瑕疵——你无法忘记你自己，天堂都没有完美的东西，何况人间。别废话了，跟我走吧！"

是啊，天堂都没有完美的东西，何况人间？

你还在事事追求完美？你有没有想过你生命的长度？难道真的相信世界上存在完美的爱人？你只是在浪费你的时间，那点本来就少得可怜的时间。你肯定还要把大量时间花在唏嘘感叹上，感叹完美真的好难。

放弃完美主义吧，不要把你有限的生命浪费在虚无的完美之中。任何人都不可能让世上的人都肯定自己，那又何必因为别人的言论而否定自己，生活本身就是不完美的，不要奢望自己受到所有人的欢迎。

追求完美即是不完美。生活中，多少失落、痛苦和不幸正是源于此。"金无足赤，人无完人"，现实就是这样的残酷。若过于执着且不肯变通，必然会陷入完美主义的心理误区。欲除掉珍珠斑点的那个人一定是最痛苦的。因为在他的眼中，看到的多是不完美，因而一次次与机遇擦肩而过，与成功遥遥相望，最终只落得两手空空。

过失与缺憾本就是人生的一大组成部分，只有经历过无数次的过失与缺憾，才能在风雨之后看到彩虹。很多的时候，我们都在追求所谓的完美，想要拥有完美的亲情，想要拥有完美的爱情，拥有一个完美的人生。

其实，日有东升西落，月有阴晴圆缺，就连星星也有永恒和陨落。世间本没有完美，我们所谓的完美，也不过是在种种缺憾美对比之下的完美而已。不完美才是人生，这是一个"平民的真理"。接受不完美，是生存的智慧，是营造快乐人生的技巧。善于接受不完美者，必定会拥有幸福人生。

3. 你抱怨自己没有鞋，却不知道别人没有脚

哲学家给了我们一个极重要的忠告：了解你自己。但是大部分人把这一忠告理解为：了解消极的自己。他们过多地看到了自己的缺点、短处和无能。当然，知道自己的不足是一件好事，它可以让我们加倍努力。但是，如果我们仅仅知道自己消极的一面情况就糟了，这会使我们觉得自己的价值不大，失去前进的力量。

国王的御橱里有两只罐子，一只是陶的，另一只是铁的。骄傲的铁罐瞧不起陶罐，常常奚落它。

"你敢碰我吗，陶罐子？"铁罐傲慢地问。

"不敢，铁罐兄弟。"谦虚的陶罐回答说。

"我就知道你不敢，懦弱的东西！"铁罐说着，显出了更加轻蔑的神情。

"我确实不敢碰你，但不能称为懦弱。"陶罐争辩说，"我们生来的任务就是盛东西，并不是来互相撞碰的。在完成我们的本职任务方面，我不见得比你差。再说……"

"住嘴！"铁罐愤怒地说，"你怎么敢和我相提并论！你等着吧，要不了几天，你就会破成碎片，消失了，我却永远在这里，什么也不怕。"

"何必这样说呢，"陶罐说，"我们还是和睦相处的好，吵什么呢！"

"和你在一起我感到羞耻，你算什么东西！"铁罐说，"我们走着瞧吧，总有一天，我要把你碰成碎片！"

陶罐不再理会。

时间一天天过去，世界上发生了许多事情，王朝覆灭了，宫殿倒塌了，两只罐子被遗落在荒凉的场地上。历史在它们的身上积满了渣滓和尘土，一个世纪接着一个世纪。许多年以后的一天，人们来到这里，掘开厚厚的堆积物，发现了那只陶罐。

"哟，这里头有一只罐子！"一个人惊讶地说。

"真的，一只陶罐！"其他人都高兴地叫了起来。

大家把陶罐捧起，把它身上的灰尘刷掉，擦洗干净，和当年在御橱的时候完全一样，朴素、美观。

"一只多美的陶罐！"一个人说，"小心点，千万别把它弄破了，这是古代的东西，很有价值的。"

"谢谢你们！"陶罐兴奋地说，"我的兄弟铁罐就在我的旁边，请你们把它掘出来吧,它一定闷坏了。"

人们立即动手,翻来翻去,把土都掘遍了,丝毫没有发现铁罐的踪影——它,不知道在什么年代,就已经完全氧化,消失得无影无踪了。

上帝对任何人都是公平的,它赐给了铁罐坚硬,却没有给它永恒;它赐给了陶罐脆弱,却让它经受住了岁月的考量。其实人也是一样。

也许上帝赐给了音乐家才华,就可能不再赐给他容貌;赐给了科学家头脑,就可能不再赐给他歌喉……尺有所短,寸有所长,如果我们都可以像陶罐一样,不拿自己的缺点和别人的优点比较,生命中会多出许多美好。

然而,却总有一些人将目光仅仅停留在自己的缺点上,而不善于挖掘自己的优点。他们常常拿自己的缺点和别人的优点相比较——与长相好的人比漂亮,与身材好的人比苗条,与智商高的人比聪明,与情商高的人比人际关系,与家境好的人比财富,与爱情圆满的人比感情……以己之短,比人之长,结果自然是一次又一次受伤,在自卑的巢穴里越陷越深。

其实,上帝从来不会把一切美好给同一个人,每个人都是集优点和缺点于一身,也许你有一箩筐缺点,却只有一个小小的优点,但如果能将这个优点放大,变成无人比拟的优势,它就能增加你的自信,让你散发出多彩的光芒。

每个人都是一个独特的个体,有优点,也有缺点,只要缩小劣势,放大优点,充满自信,不畏艰辛,就一定能够活出人生的精彩。

那么自卑者如何从自卑中走出来呢?

首先,做逆向比较。自卑者的最大缺点就是常常拿自己的缺点和别人的优点相比较,因而对自己的方方面面都会持否定的态度,认为自己的存在没什么价值。因此,采取逆向比较——以己之长比人之短,而不是以人之长比己之短,自卑者就会变得自信起来。

其次,弱化缺点。我们常常被告知,缺点应该放大,好引起重视、警惕,进而改正,所以一般人都十分清楚自己的弱点。但是,对于自卑者来说,却应该学会弱化自己的缺点,好让自己从黎明前的黑暗中看到一丝曙光,因为毕竟一个人只能从自己的优势而不是自己的缺点上获得成功。

最后,发现并放大优点。很多卓著的人士之所以成功,就得益于他们充分了解自己的优点,并根据自己的优点来进行定位或重新定位。例如法国著名作家皮埃尔就因为拥有"能把名字写好"这个小小的优点而走出了自卑,并一点点放大自己的优点——"我能把名字写得叫人称赞,那我就能把字写漂亮;能把字写漂亮,我就能把文章写好……"从而写出了许多经典作品。

因此,每个人都应让自己从曾经有过的自卑之中走出来,弱化自己的缺点,寻找自己的优点,只要我们能挖掘到其中的哪怕一点点,就可以不断地将其放大成超越自己和他人的明显优势。从现在开始,努力学习,努力做事,相信自己最终都会成功。

我们通常都很容易发现别人的优点,比如某人很漂亮,某人工作能力很强,某人人缘很好,但却很少能看到自己的长处和价值。每当与别人谈到自己时,就变得非常不自信,常常对自己持否定的态度,认为自己的存在没什么价值,这就是自卑的表现。

其实,大可不必否定自己,因为你已经够好了!要知道,世界上最珍贵的东西不是得不到的东西,而是你现在所拥有的东西。叔本华就曾经说过这样一句话:"我们很少想到自己拥有什么,却总是想着自己缺少什么。"

有这样一位年轻人,他整天羡慕那些有钱人,而埋怨自己生不逢时,总也发不了财。

有一天,这个愁眉不展的年轻人在路上遇到一个满头白发的老人,老人问他:"年轻人,你为什么不高兴呀?"

年轻人苦恼地说:"我不明白,为什么别人都很富有,我却老是这样穷呢?"

"穷?我觉得你非常富有啊。"老人由衷地说。

年轻人很疑惑,因为他并不认识这个老人,老人为什么说他富有呢。

老人接着说:"如果现在让我折断你的一根手指,给你1万元,你干不干?"

"当然不干!"年轻人回答道。

"如果说让你马上死,给你1000万元,你干不干?"

"更不行了!"

"这不就是了,你身上的钱已超过1000万元了呀!"

老人说完笑着走开了。

你是不是也时常和这个年轻人一样,总是在别人的拥有里寻找自己的痛苦?

事实上,每个人都有令人羡慕的东西,也有自己缺憾的东西,那些总认为自己太差的人,他们心灵的空间挤满了太多的负累,从而无法欣赏自己真正拥有的东西。

有一个女孩,当她为自己有漏洞的鞋而闷闷不乐时,忽然看到了一个拄着拐杖、没有脚的男孩,她才发现自己是多么富有,又是多么可悲。富有是因为她有一双脚,而可悲是因为她不懂得珍惜现在的生活,不懂得欣赏自己的拥有。如果我们都能以这种方式认识世界,生活就会变得更幸福。

4. 天下没有"怀才不遇"这回事

在我们的周围，似乎总有这么一种人，他们时常感觉自己空有一身抱负，无处施展；空有一身本事，无处发挥；空有无数奇思妙想，无人理解。而事实上，自认为怀才不遇者并不一定真的怀才。一个人只要有真才实学，并且有能力来展现自己的真才实学，就不怕没有伯乐。

土总是埋不住金子的，我们不能一味地陶醉于自己曾经的"辉煌经历"，还要看自己掌握的知识是否是社会需要的"才能"。正确的做法是调整自己的心态，重新审视自己，采取行动弥补自己的不足，主动推销自己。

"怀才不遇"可能是自古以来读书人最常出现的一种心境，这可以从无数的寄情诗文中得到佐证。在封建专制时代，一个人需要遇上明君，才有可能出人头地。

但在机会平等的现代社会，"怀才"是否还会"不遇"呢？一个真正有才能的人，除非是他自己选择不遇，否则一定可以找到他发挥理想的空间。我们只要冷静地分析一下历史上诸多怀才不遇的"现象"，就会发现其前提大多是一个假设的而非真实的条件，即"如果让他……那么就会……"

因此这些结论大多是不能或者是无法验证的。

历史发展到了现在，还是有许多人认为自己"怀才不遇"，是真的"怀才"之人没有得到社会的认可，还是那些自命"怀才"者在发牢骚呢？

我们不能一味地否认有些人在某些方面的确具备某种才能，但是一个喜欢哀叹和抱怨的人必定缺乏雄才大略者应有的恢宏气度，也没有仁人志士所具有的道德修养。一个人如果一直慨叹怀才不遇，那一定是他的能力、性格或定位出了什么问题。因此，他应该首先在观念上作出调整，必须承认自己未必如此有才，并设法改善调整自己，才有可能让自己成为真正的有才之人。

当然，"钟鼎山林,各有天性,不可强也"，的确有不少人很有才华和能力却没受到重视，这应该是他没有足够的企图心去追求别人的重视。他可能不愿意委身一时，也可能是不愿意改变他的生活。但这是怀才不"欲"的选择，而不是怀才不"遇"的宿命。

通常情况下，一般人出于虚荣心，都容易自觉或不自觉地高估自己的才能，并非只有赵括与马谡如此。很多人在达不到原定的目标，或者临时性地遭受挫折时，便会产生牢骚与怨愤。在很不理智的心态下极易习惯性地将责任推向客观，认为别人不理解自己，社会不重视自己。实际上，诸多自以为"怀才不遇"的人都有一个通病，那就是忽略了对于自己的解剖与批评。

如果能从主观入手，从自身找问题，认识自己的不足，充实并提高自己，调整原来的目标与心态，大多数的"不遇"问题均可解决。即使目前存在无法克服的困难，也应逐步创造条件，为自己的出路多做准备工作。只有这样，在条件成熟的时候方可厚积薄发，举重若轻而游刃有余。

客观来说，那种甘于在牢骚中消沉的愚蠢者实在不配归入"怀才者"之列。千里马是自己跑出来的，现在我们所处的时代不同以往，发达的科技与快捷的信息传播让每个人都有出名、成功的机会。对某些人来说，这也许是一个怀才不"欲"的时代，而对于另外一些人，却是一个"良禽择木而栖"的时代，是一个可以通过自己的努力来证明自己的时代。

片山恭一是日本的当红作家，在讲述他从"冷"到"热"的艰难路程时，他这样说道："为了作品能在杂志上发表，我拼命地、不断地投稿，光给《文学界》就至少投过10篇稿子，但没有一篇发表，稿件如同石沉大海，没有一点回音，甚至连一句'来稿收到'这样的答复都没有……但我却从来没有发出过'这个世界多么冷酷无情啊'之类的感叹，而是为了能够发表竭尽己能、拼命努力。"片山恭一不是一匹在原地等待"伯乐"来发现的"千里马"，而是靠自己的努力，终于从一匹"平凡的马"跑进了"千里马"的行列，从出版第一个单行本到获得"新人奖"整整相隔了9年的时间，这9年间，他在自我扬鞭，踊跃奋蹄。

时下有很多人抱怨找不到好工作，他们觉得这是社会体制的问题，是缺乏"伯乐"的原因，但是他们从来没有想过，自己到底算不算"千里马"呢？你不是"千里马"，"伯乐"也不会看上你啊。就算你真的是"千里马"，酒香还怕巷子深呢，你不自己出去遛几圈，施展自己的才能，怎么能让"伯乐"发现你呢？

无数事例证明，"人才"不能只依赖社会，坐等机会的到来，而是要在了解、适应社会的基础上主动寻找或搭建舞台来展示自身的存在，体现自身的价值。然后逐步由低到高、由小到大，分阶段地成就自己的事业。每一个"怀才"者都不能幻想一开始就尽显风采、叱咤风云。

要知道圣哲贤明如文王、孔孟，才华横溢者如屈原、贾谊，严谨博学者如韩非、司马迁等均有屡遭挫折与磨难的时候，那么你有什么理由不经历挫折呢？因此，今天的你只有脚踏实地用自己的才能回报社会、造福社会，才能不让自己所怀之才沦入"不遇"之境。

5. 别让你的脑袋，成为别人思想的跑马场

做人最可贵的事情莫过于坚持自己的看法，可总有些人盲目从众，以致在别人的观点里迷失了自己的人生道路。

美国著名女演员索尼亚·斯米茨的童年是在加拿大渥太华郊外的一个奶牛场里度过的。

当时她在农场附近的一所小学里读书。有一天她回家后很委屈地哭了，父亲就问她原因。她断断续续地说："班里一个女生说我长得很丑，还说我跑步的姿势难看。"父亲听后，只是微笑。忽然他说："我能摸得着咱家的天花板。"正在哭泣的索尼亚听后觉得很惊奇，不知父亲想说什么，就反问："你说什么？"

父亲又重复了一遍："我能摸得着咱家的天花板。"

索尼亚忘记了哭泣，仰头看着天花板。将近4米高的天花板，父亲能摸得到她怎么也不相信。父亲笑笑，得意地说："不信吧，那你也别信那女孩的话，因为有些人说的并不是事实！"

索尼亚明白了，不能太在意别人说什么，要自己拿主意！

她在二十四五岁的时候，已是颇有名气的演员了。有一次，她要去参加一个集会，但经纪人告诉她，因为天气不好，只有很少人参加这次集会，会场的气氛有些冷淡。其实，经纪人的意思是，索尼亚刚出名，应该把时间花在一些大型的活动上，以增加自身的名气。可是索尼亚依然坚持要参加这个集会，因为她在报刊上承诺过要去参加。"我一定要兑现诺言"，索尼亚在心中对自己说道。结果，那次在雨中

的集会,因为有了索尼亚的参加,广场上的人越来越多,她的名气和人气因此骤升。

自己拿主意,并不是一意孤行、孤芳自赏,而是忠于自己,相信自己,不轻易被别人的思想所左右。索尼亚之所以成功,就是因为她敢于坚持自己的想法并且去尝试。但是生活中,人人都难免有从众心理,常常会为了顾及面子而依附于他人的思想和认知,从而失去独立判断的能力,处处受制于人。这真是一种莫大的悲哀,作为一个独立的个体,我们必须要有自己的主见,不可盲目追随别人。

曾经有一个小丑,一直很快乐地生活着。但渐渐地有些流言传到了他的耳朵里,说他已经被公认为是个极其愚蠢的、鄙俗的家伙。小丑窘住了,开始忧郁地想:怎样才能制止那些讨厌的流言呢?

突然一个想法使他的脑袋开了窍……于是,他一点也不拖延地把他的想法付诸行动。

他在街上碰见了一个熟人,那人夸奖起一位著名的色彩画家。"得了吧!"小丑提高声音说道,"这位色彩画家早已经不行啦……您还不知道这个吗?我真没想到您会这样……您是个落伍的人啦!"那个熟人感到吃惊,并立刻同意了小丑的说法。

"今天我读完了一本多么好的书啊!"另一个熟人告诉他说。

"得了吧!"小丑提高声音说道,"您怎么不害羞?这本书一点意思也没有,大家老早就已经不看这本书了。您还不知道这个?您是个落伍的人啦!于是,这个熟人也感到吃惊,也同意了小丑的说法。

"我的朋友杰克真是个非常好的人啊!"第三个熟人告诉小丑,"他真正是个高尚的人!"

"得了吧!"小丑提高声音说道,"杰克明明是个下流东西。他侵占过所有亲戚的东西。谁还不知道这个呢?您是个落伍的人啦。"

第三个熟人同样感到吃惊,也同意了小丑的说法,并且不再同杰克来往。总之,人们在小丑面前无论赞扬什么,他都一个劲儿地驳斥。

只是有时候,他还以责备的口气补充说道:"您至今还相信权威吗?"

"好一个坏心肠的人!一个好毒辣的家伙!"他的熟人们开始谈论起小丑了,"不过,他的脑袋瓜多么不简单!"

"他的舌头也不简单!"另一些人又补充道,"哦,他简直是个天才!"

最后,一家报纸的出版人请小丑到他那儿去主持一个评论专栏。

于是,小丑开始批判一切事和一切人,一点也没有改变自己的想法和趾高气扬的神态。

现在,那个曾经大喊大叫反对过权威的人,自己也成了一个权威,而且年轻人都很崇拜他,并且害怕他。

你一定会说,这些年轻人真是可怜啊,可怜得有点愚蠢。虽然这个故事有点夸张,但事实上,你有没有想过,有时候,自己也有过类似这些年轻人的行为。比如,在对一件事发表看法的时候,你从来都是附和所谓"权威"人物的观点,而不敢大胆说出自己的想法。再比如,在为人处世的过程中你经常按照别人的反应来决定,而不是按照自己的意愿去决定,等等。这都是不自信的表现,也是虚荣心在作祟,你已经成了上面故事中崇拜小丑的"俗人",丧失了按照自己意愿生活的能力。

一位通晓做人内在法则的人士曾经说过这样一句话:"当别人对你说'快看这儿'或'快瞧那儿'的时候,请你不要盲目地追随他们,因为幸福世界就在你的心中。"

其实,何止是幸福呢,做人做事都是这样,你不能听了别人对自己的看法,就依附他们的喜好来改变自己,你要按照自己的个性来生活，尽情地去展示自己的天性和美丽，而不是盲目地追随别人。

每个人都会在乎别人的看法，但是，任何事物都有"度"，一旦你常常让别人的看法代替自己的看法，这就是一个危险的信号了。虽然人是群居动物，难免有从众心理，但是人生的路还是要靠自己走，如果你一味地人云亦云，被人牵着鼻子走，最后一定会迷失自己，得不偿失。

6. 选择自己喜欢的，而不是别人满意的

当你看中了一件衣服，而身边的朋友却都说不好看时，那么你多半是不会力排众议、下决心购买的。因为你不想穿一件大家认为很难看的衣服，你会想既然别人都说不好看，那一定是真的不好看。不仅仅是在选择衣服上，在其他诸如选择工作、爱人等很多方面，我们都会犯这个毛病。结果常常是按别人喜欢的标准做了选择，却忽略了自己内心的真实感受。

社会生活就是一出戏，每个人都扮演其中一个角色。扮演者的行为举止应和角色相符，但他们往往做不到，因为他们常常会遭到排斥，受到旁人的讥笑。你可能并不乐意扮演你所分配到的角色，剧组又不同意你更换，这时，你应该意识到你有离开剧组、选择另一出戏的自由。

孙洋原来是某公司销售部的职员，销售这份工作很有挑战性，这正符合他的个性，他也非常喜欢，工作业绩一直不错。结婚后，他的

妻子不喜欢他整天东颠西跑的,就希望他换个稳定点的工作,岳父岳母也常常对他唠叨:"本科毕业什么工作不好找,偏偏要做什么销售人员,有什么出息,还是找机会调调吧!"他并不想换工作,很想在销售这方面做出点成绩,但是经不住亲人的软磨硬泡,他终于换了个工作。

在一位朋友的帮助下,孙洋在一家公司当上了总经理助理,妻子和家人都为他高兴,不住地称赞他。可是他开始变得不快乐,对自己没有信心,很简单的事情也感觉自己不能胜任。尤其是工作的烦琐更让他感到头痛,每天上班就像例行公事一样,他不知道自己工作的意义何在,再也找不到当初工作的成就感和愉悦感。于是,他开始不喜欢上班,下了班心情也不好,整个人都变了。

终于有一天,他想明白了,要做自己真正喜欢的工作,否则会陷入痛苦的泥沼。他毅然辞去了总经理助理职务,回到了原来的工作岗位,他马上就恢复了原来的信心和斗志,不久就被提升为销售部经理,人也变得意气风发。

是的,在生活中,亲人和朋友出于好意总是会建议你找份好工作,可是工作原无好坏之分,只有是否适合之别。没有人比你更清楚你最适合什么样的工作,别人并不知道你适合什么工作。所以,如果你不能清醒客观地看待自己的天性,盲目地追随他人的想法,最后苦的只能是自己。

当然,人生中很多事不像选择工作,选错了,还有重来的机会。也许,你一生就这么一次机会。因此,如有必要,就得准备好置身于"角色"之外,这能让你感受到自由自在的愉悦。不要考虑剧情的压力,决定你所需要的,必要时换一个角色,但要始终如一。没有人会接受一个变化无常的人,或一个变来变去又变成老样子的人。

47岁的南希在众人的眼中是一位成功的职业女性,可是她说:
"虽然我的一些成就让人刮目相看,我却想不通大家夸赞我什么。我这
辈子一直都在努力成就这样或那样的事,可是现在我却怀疑'成就'
究竟是指什么了。我永远在压力下生活,没有时间结交真正的朋友,
而且,就算我有时间也不知道该如何结识朋友了。我一直在用工作来
逃避必须解决的个人问题,所以我一个任务接一个任务地去完成,不
给自己时间去思考我为什么要工作,这真是疯狂。假如时间可以退回
去10年,我会早一些放慢脚步考虑一下,我就不会像现在这样感觉到
匮乏了。"

我们此生不一定要成大名,立大功。可是,我们一定要明白自己
的梦想,并把它具体化,使它成为可能,然后去追求它、去实现它。
追寻一个梦想是一种巨大的幸福和快乐,你也曾体会过这种幸福和快
乐吗?

现实生活中,又有多少人不是因为自己喜欢而选择了现在的生活
模式,而是迫于别人的意志去演那个大家喜欢的"角色"呢?忙的时
候就像陀螺,一旦停下来,就会觉得空虚,不知道自己生活的目的是
什么,生活就成了为"演戏"而"演戏",不但没有幸福和快乐,还让
人感到痛苦不堪。

所有人都希望自己的生活方式是被大家羡慕的,却忘记了自己是
不是真的喜欢。所有的人也都希望自己在生活中扮演的角色是大家喜
欢的,却忘记了自己是不是真的喜欢。他们选择了别人喜欢的,而不
是自己喜欢的,所以注定要忍受更多的寂寞、痛苦和空虚!

7. 活明白，就不累

活得累，是现代人的普遍感受，这在很大程度上是因为过度追求完美。可是也许你已经发现，不管自己多么的努力，行为多么的正确，自我反省多么的深刻，都永远达不到所有人对自己的要求。世界这么大，社会这么复杂，人的思想观点这么不同，企求所有人都赞同一件事，是难乎其难的，甚至是不可能的。聪明的人，就应该在此时避重就轻，创造一种心理导向的效应。

每个人都会有个人感觉，都会根据自己的想法来看待世界。所以，不要试图让所有的人都对你满意，否则你将永远也得不到快乐。

父子俩牵着驴进城，半路上有人笑他们："真笨，有驴不骑!"

父亲便叫儿子骑上驴，走了不久，又有人说："真是不孝的儿子，竟然让自己的父亲走路!"

父亲赶快叫儿子下来，自己骑到驴背上。走了不久，又有人说："真是狠心的父亲，不怕把孩子累死!"

父亲连忙叫儿子也骑上驴背，谁知又有人说："两人骑在驴背上，不怕把那瘦驴压死?"

父子俩赶快溜下驴背，把驴子四肢绑起来，用棍子扛着。经过一座桥时，驴子因为不舒服，挣扎了起来，结果掉到河里淹死了!

很多人做事就像上面故事中的父亲，别人叫他怎么做，他就怎么做；谁抗议，就听谁的! 结果呢? 大家都有意见，而且大家都不满意。

一个人想面面俱到,不得罪任何人,讨好每一个人,那是绝对不可能的!因为你不可能兼顾到每个人的面子和利益,即使你认为照顾到了,别人却并不这么认为,甚至根本不领情的也大有人在。在做事方面,你也不可能照顾到每个人。每个人的主观感受和需要都不同,你要让每个人满意,事实上,就是让所有人都不满意!

结果往往是,为了面面俱到,怕对方不满意,你得察言观色,揣摩别人的心思,把自己累坏了还不一定得到好评。

那应该怎么做呢?其实很简单,做你该做的!也就是说,你认为对的,就不受动摇地去做,参考别人的意见要看意见本身的对错,而不是看别人的脸色。这么做有时确实会让一些人不高兴,但你的不受动摇,却可赢得这些人事后的尊敬,毕竟人还是会服公理的,除非你的坚持纯属是为了私心。

这么做,会有人称赞你,也会有人骂你,但想面面俱到的人,结果是每个人都会嘲笑你,就像故事中的父子!

俗语说:"岂能尽如人意,但求无愧我心!"就像萝卜白菜各有所爱一样,所以不要奢望做一个让所有人都满意的人,那是不可能的事情!

有一位诗人把自己的得意诗作拿到广场上去展览,很自信地对观众说:"如果你们认为有败笔,尽可以指出。"到了晚上,诗人的作品上标满了记号,人们挑出了无数他们认为是败笔的地方。诗人非常不甘心,他灵机一动,又写了一首完全相同的诗拿到广场上展出,不同的是,这次他请观众标出诗中的妙处。结果到了晚上,诗人看到所有曾被指责为败笔的地方,如今都换上了赞为妙笔的记号。诗人因此得出结论:"我发现了一个奥秘,那就是不管我们干什么,只要能使一部分人满意就够了,因为在有些人看来是丑陋的东西,在另一些人的眼里，恰恰是美好的。"

诗人的领悟，可以作为我们对非难、诽谤的一种基本态度；而诗人的这种做法，也可以作为我们在一定程度上考虑如何减轻非难、诽谤这个问题的基本出发点。

我们为人处世经常按别人的反应来决定，而很难按自己的意愿去行动，尤其是在关于"成功""幸福"之类的重要问题上，一切似乎已经有了约定俗成的标准。弗洛伊德说："简直不可能不得出这样的印象，人们常常运用错误的判断标准——他们为自己追求权利、成功和财富，并羡慕别人拥有这些东西，他们低估了生命真正的价值。"

心理学家指出，如果给两组完全相同的人像，一组人像下写"残暴""凶恶""狠毒"一类的词，另一组人像下写"果敢""坚毅""顽强"一类的词，请两组测试者对人像作职业估计，那么前一组人像很可能就被猜为罪犯，而后一组人像就可能被猜为军人。就像人们往往把银幕上、球场上的明星作为一种偶像，把表演中的人当作生活中真实的人一样。人类的内心有一种很强烈的接受外界暗示，通过语言、形象的传播媒介树立形象的欲望，它构成了所谓的"心理导向效应"。

了解了这一点之后，如果使自己摆脱困境，减小压力，争取更多的赞同，就可以根据不同的情况采取不同的措施。让每一个人都满意是不可能，也是没有必要的。

现实生活中我们也常常遇见类似的事情：当某人做了一件善事，引起身边同事们的注意时，会听到截然不同的评论。张三说你做得好，大公无私；李四说你野心勃勃，一心想往上爬；上司赞你有爱心，值得表扬；下属则说你在做个人宣传……总之，各种各样的议论，有的如同飞絮，有的好似利箭，迎面扑来。怎么办呢？最好的方法，就是抱着"有则改之，无则加勉"的态度。

　　事实上，你是不可能让所有人都对你满意的，即使已经尽心尽力在做了，还是会有让别人不满意的地方。如果所有的人都对你满意，表示你这个人必定有问题。因为，如果你做了坏事，好人会骂你；反之，如果你做了好事，坏人会骂你。

　　至于自己是否有他们所想的那么坏或那么好，只有自己知道。因此，最重要的是要对自己的良心、对自己的努力负责。只要你清楚地知道自己在做什么并且无愧于心，那么别人对你的批评、要求，你都可以不用理会。

　　如果太在乎别人的赞美，会变得骄傲、得意；太在意别人的批评，会觉得懊恼、无奈，对你都会有不好的影响。所以，最好的方法应该是：随时保持内心的平静，把事做好。

　　记住这句话：我们不管干什么，只要使一部分人满意便是成功。所以不要对自己太苛刻，工作上给自己定一个能达到的目标，只要对得起自己的努力和良心，不要太在意外人对你的评价，否则，遇到挫折就可能导致身心疲惫，万念俱灰。不要为了得到周围每一个人对你的满意而处处谨小慎微，不要因为他人的眼光而改变自己的言行，不要为了让别人满意而委屈了自己，我行我素有时候还是必要的。

　　人活一世不容易，何必事事都在意？你有什么必要去满足别人却委屈自己？

第 三 章

远离了消极因子，
你也能让人刮目相看

1. 不是得到才相信，而是相信才能得到

"我只期待最美好的事情发生，而它真的发生了。"相信你有能力创造出自己想要的事物，并知道你值得拥有它，且能以许多方式展现。

举个例子，假设你想要一个新家，可你并没有足够的钱。但与其放弃，不如就好像"钱已足够"那样采取行动。你可以想象理想中的家或公寓，然后去看房，就好像你有钱买房一样。跟自己一遍又一遍描绘你完美的家。尽管你一开始并没有买房的钱，但你想要新家的意愿也许会引发意想不到的改变。当你的意愿强大起来，你就会开始吸引某些人和事，你的能量就会被这个意念牵引着强大起来。最终，你会吸引来各种机会。而如果你不清楚自己的意愿，不采取实现它的行动，这样的机会就永远不可能出现。

有个女孩想找个市区的住所，她一个月用于租房的钱最多只有300元，但是在市区内，即使是一间和别人合租的小房间，月租金也不低于500元，而且她还养了一只猫。她的朋友们都不相信她能找到这么一个地方，但她没有理睬这些。她渴望在两个星期内找到住处，所以开始在心中清晰地描绘她想要的房子。她不断告诉自己，这会很容易。她开始想象公寓的样子。接着，神奇的事情发生了。

有一天，她感到有一股想出去散步的冲动，于是她就出门了。在散步的过程中，她看到了一位妇女，这位妇女正坐在一座房子的台阶上。说不清出于什么样的原因，她想要过去和这位妇女交谈并且告诉这位妇女自己正在找一个住的地方。结果，这位妇女就是身后这所房

子的房东,巧合的是,房子里还有一个单间,正好符合她的要求。房东并不想靠出租公寓来赚钱,因为不喜欢以前的租户,所以决定除非有合适的租户,否则就不再出租(公寓已经空了2年了)。女孩和这位妇女相谈甚欢,很合得来,这位妇女很愉快地邀请她搬进来,而且还同意她养猫,月租金正好是300元。

所以说,信念是意念世界和物质世界之间的纽带,它保证了一个想法从产生到彰显之间的不间断性。要认识到,你的梦想在意识层面已经成真了,它们只是在等待出现在你的物质世界中的最佳时机。

当你没有走对路,你就会感到寸步难行,诸事不顺;当你在追随属于自己的道路时,你的能量就会流动,你的生活通常会过得很顺心。这并不意味着你不会遇到任何障碍,你的挑战是,你要懂得重新审视自己的道路从而寻找新的、更高的目标,让自己的生活不那么安逸。

你要学会分辨障碍是你成长必经的一部分,还是在告诉你要另择他路。有一种方法可以检测,那就是审视自己想要获得什么样的成就。如果你的目标让你感到愉快,或克服障碍会让你有一种喜悦感,并且你知道这样做会给你带来自己想要的事物,那么克服这样的障碍就是适当的。反之,如果你跨过了障碍,却没有获得你想要的,没有丝毫成就感,更别提快乐。那么你费尽力气克服的障碍就毫无意义,你应该选择其他道路。

小文想找一套新公寓,因为住在她楼上的人非常吵闹,可是她找了3个星期却毫无结果。其实在内心里她一直坚信完美的家就是她现在生活的地方,所以她不断克服所有障碍,尽管所有迹象似乎都表明采取其他行动可能会更合适。几个星期之后,小文楼上的邻居意外地搬走了,新搬来的人非常安静,也就是说她根本不必搬家了。这时小文认识到，每一次寻找新公寓的尝试都受到阻碍，去寻找新的住处对她来说是一件痛苦的事。她明白，除了噪声之外，自己依然喜爱现在的家，并不是真的想搬走。

如果你一直专注于自己想要的事物，当时机合适时就要采取行动，障碍很可能会自行消失。如果克服障碍就像是一种痛苦的挣扎，这很可能是在告诉你，还有更好的方法可以达成目标。你视之为障碍的这些环境常常会把你引向另一个方向，有时候那是一条更好的道路。障碍也许是为了保护你，防止你过早采取行动，或者让你注意可能被你忽略了的东西。在你迈出下一步之前，它们也给你机会去处理所有需要处理的问题。

2. 自卑——你不找它的话，它是不会找你的

这个世界上，只有你对自己的界定才最具有权威性。正如美国前总统富兰克林·罗斯福的夫人埃莉诺·罗斯福所说："未经你的同意，没有人能使你感觉卑微。"古希腊谚言也说："除了自己，没有人能够侮辱你。"如果你认定自己是卑微无用的，那么你就真的会成为那个样子。反过来，不管你所处的环境、外形、身份，在别人的眼里是多么卑微，只要你自己不看轻自己，那么就没有人能真的轻视你。

当玛丽还是一个小女孩的时候，她总觉得自己长得不够漂亮，因此很自卑，连走路都是低着头。

有一天上学时,她路过一家饰品店,看到橱窗里有一个绿色蝴蝶结非常漂亮。她走进去之后,店主也不断赞美她戴上这个蝴蝶结很漂亮。

玛丽虽然不太相信,但很高兴地买下了它。戴着蝴蝶结的玛丽不由得昂起了头,她急于让大家看看,因此出门时被人撞了一下也没在意。

到了学校,玛丽走进教室,迎面碰上了她的老师。"玛丽,你抬起头来真美!"老师爱抚地拍拍她的肩说。那一天,她得到许多人的赞美,她想,一定是蝴蝶结的功劳。

可当她放学回到家,在镜子前面一照,却发现头上根本就没有蝴蝶结!

她这才想起来,出饰品店时与人相撞了,蝴蝶结一定是那个时候被碰丢了。玛丽没有因为丢失蝴蝶结而难过,她很开心,因为玛丽知道,她根本不需要那个蝴蝶结了。

这是一个真实的故事,长大后的玛丽,成为美国HBO(美国有线电视频道)电视台的一名著名主持人。

现实生活中,像小玛丽这样的人实在太多了,他们因为某种缺陷或短处而特别自卑。这些缺陷或短处无非就是太胖了、太矮了、皮肤黑、汗毛粗、嘴巴大、眼睛小、头发黄、胳膊细等,这些外形上的小缺憾统统成了自卑的理由,而人一旦形成自卑心理后,往往从怀疑自己的能力到不能表现自己的能力,从怯于与人交往到孤独地自我封闭。本来经过努力可以达到的目标,也会因认为"我不行"而放弃追求。他们看不到人生的光明和希望,领略不到生活的乐趣,也不敢去憧憬美好的明天。很多自卑的人害怕失败,他们常常把失败当成灾难,"我没有达到目标……我是失败者"。他们的自尊会因失败顷刻瓦解,而自卑、沮丧、焦虑、抑郁情绪会像滚雪球一样越来越强烈。

除了因身体缺陷而心生自卑外,产生自卑的原因还有很多。例如有的人喜欢用过高的标准作为自己的目标，结果使自己永远处于达不到要求的失败地位，导致自卑感的产生；有的人很在意别人对自己的评价和看法，对于别人的负面评价往往产生自卑的心理；有的人错误地把别人对自己的夸奖当成讥讽，那么他们感受到的信息就带有自我否定的倾向性，因此越发地感到自卑；有的人对于家庭或自己的经济收入以及社会地位感到不满，这种对物质生活的攀比心理也会让人自卑。但不管是哪种原因，自卑感都来源于自己的不自信。

事实上，任何人都不可能在各方面都优秀，人们或多或少在某方面存在一定的缺陷和不足。当我们把目光从自卑的人身上转到那些自信的人身上时，便会有新的发现：上帝并不是对他们宠爱有加，让他们全都完美无瑕。如果用你的理论去衡量的话，他们身上的种种缺陷也可怕得很。拿破仑的矮小，林肯的丑陋，罗斯福的瘫痪，丘吉尔的臃肿，哪一条不令人感到烦恼无比？可他们却拥有辉煌的一生，因为他们拥有自信！实际上，很多时候，当你将缺陷大大方方地展现在别人面前时，反而会让别人忘记你的缺陷，而将注意力集中到你的优点上。

自卑这种东西，你不找它的话，它是不会找你的。

当然，不是每个人都可以成为伟人，但每个人都可以成为自信的人。那么我们如何战胜自卑，建立自信呢？下面十条简单而可行的办法，可能会对你克服自卑有所帮助。

第一，构思自己成功的形象，牢牢印在脑海中。不屈不挠地固守这副形象，不容它褪色，你的大脑自然会产生具体的画面。不要怀疑形象的真实性，无论情况有多糟，请随时想象成功的画面。

第二，每当消极的想法浮上心头，请马上想出一个积极的想法来与之对抗。

第三，分析、研究面临的困难，尽量加以克服，千万别因恐惧而把问题看得太严重。

第四，别过度敬畏别人，培养一种"自以为是"的心态。没有人能比你更好地扮演你的角色。请记住：大多数人虽然外表看起来很自信，其实往往跟你一样害怕，一样不信任自己。

第五，每天念10遍积极语句："我是最棒的！"

第六，找一个专家帮你找出自卑的主因。由童年开始研究，对认清自己很有帮助。

第七，如果遇到困难遭到挫败，请拿出一张纸列出所有对自己有利的因素，这些因素不但可以让你变得积极，而且能使你冷静、客观地面对问题。

第八，评估自己的能力，然后再将它提高10%。别太自负，但要有足够的自尊。

第九，相信你的能力无限大。时刻不要忘记接受积极的思想，不给空虚、沮丧、疲倦留有侵袭的时间。

第十，提醒自己不要与恐惧商量如何去做，而是采取积极主动的态度去分析问题、解决问题。

3. 删除自己的"负面脚本"

"金无足赤，人无完人"，任何人都有缺点，任何人也都有可能存在负面脚本，自我完善的过程就是一个不断清除负面脚本的过程，负面脚本清除得越多，我们的人生也就越完美。

每一个人的身上都会存在负面思维，这也是为什么我们总是无法达到完美的原因。

举个最简单的例子,如果在早晨上班时没有赶上公交车,也许就会有不少人抱怨:今天怎么这么倒霉?为什么我这么晚才到?为什么公交车不能晚走一会儿?负向思考时常会这样跳出来为我们制造麻烦,如果这种负面思考经常出现,就会使我们渐渐形成一种负面思维。

负面思维给人们带来的危害是巨大的,它的具体表现主要是:

第一,信念变薄弱。使人们意志力变得薄弱,抱着得过且过的生活态度,不求上进,容易被挫折和磨难压倒,在顺风顺水时迷失自己。

第二,目标变模糊。使人们变得目光短浅,做事没有计划,走一步算一步,常常摸着石头过河。

第三,境界降低。使人们只想到索取,不愿为别人付出,以自我为中心,把自己放在第一位,只想改变别人,不想改变自己,容易仇恨、敌视别人。

第四,决断力低。使你做决定的能力降低,优柔寡断,不敢迈出决定性的一步,容易犹犹豫豫,担心、恐惧,徘徊不前,不敢下决心,总是处于等待状态。

第五,生活失去热情。使人们变得冷漠,不愿与人合作,害怕别人比自己强。

第六,解决问题态度消极。遇到问题时常抱怨、指责、批评、推卸责任;出现不良生活习惯,做事不讲效率,举止懒散,不修边幅,经常评说他人是非。

第七,思想保守。循规蹈矩,故步自封,不敢越雷池半步。

第八,行为消极。怕苦怕累,主观上无法接受挫折和失败,遇到困难就后退,认为任何事都很难成功。

如果这种负面思维占了上风,人们就很容易在遭遇挫折或是不愉快的事时感到无助和失望,开始消极怠工,抱怨自己所处的环境,责怪他人,认为自己没有扭转局面的能力,从而使自己深陷于消极的生活状态，甚至无法自拔。

1951年，为了研究DNA的具体结构，英国女科学家罗莎琳德·富兰克林一直在努力完善X射线图像。1952年5月，她终于得到了最为重要的一个X射线衍射图像，她发现DNA呈现出两种结构，一种是双螺旋结构，另一种是三条链结构。但是得到这个结果之后，罗莎琳德就再也没有获取数据来证明DNA的具体结构，也没有做出有关于此的任何假说，暂时搁置了自己的DNA研究。

后来，沃森见到了罗莎琳德拍摄的DNA照片副本。一看到照片，沃森就激动不已，因为他通过照片，一下子恍然大悟。他想到：只有螺旋结构，才会呈现出那种醒目的交叉型的黑色反射线条。于是，沃森立刻写下结论，认定DNA是双螺旋结构。接着，他与克里克共同提出了DNA的双螺旋假说。1962年，沃森与克里克因为DNA结构的提出，获得了诺贝尔医学奖。

负向思考的阻挠力就是这样巨大。罗莎琳德能够最终获得重要的X射线衍射图像，源于她长久的正向思考的支持，但是一个负向思考就让她的研究彻底中断，自行埋没了自己的伟大发现。相比罗莎琳德，沃森和克里克无疑是幸运的，因为他们的发现是如此简单而轻易，而这正是正向思考带给他们的结果。如果罗莎琳德能够多一份坚持，多做一些积极的尝试，也许发现DNA具体结构的就会是她。

那么，我们应该如何分清正向思考与负向思考呢？

正向思考也称正面思考或是积极思考，是指以积极、正向的心态看待所处的种种状况。反之，负向思考是指以消极、负向的心态看待所处的种种情况。说到正向思考，人们通常会将其与一切具有积极意义的词语联系在一起，而将负向思考同一切有消极意义的词语相等同。

其中最容易被人们混淆的就是：悲观与乐观。

乐观就是正向思考，悲观就是负向思考，很多人都会很自然地将它们如此归类。粗略看来，这样的划分好像并没有什么错，但是实际上，这却是一种错误的划分。乐观的生活态度固然是一种正向思考的结果，但是乐观也有可能造成负面结果，那就是乐观过度，正所谓乐极生悲，过犹不及。同样，悲观也是如此。可见过度乐观和过于悲观都会导致问题严重化，都是一种负向思考。

正向思考与负向思考的区别是结果的正确与错误。只要一种思考可以使结果朝向好的方向发展，那么就是正向思考。悲观者也可以是正向思考者，他们也可能取得成功、抗击挫折，只要他们拥有解决问题的决心和方法，就一样可以使结果朝向好的方向发展。有些悲观者往往还拥有更强的忧患意识，这一点在顺境中更容易体现，他们会想到最坏的情况，但是却会向最好处努力，从而始终保持良好的状态，因此这样的悲观者拥有的也同样是正向思维。

但是不可否认的是，一个性格乐观的人容易做出正向思考，而一个性格悲观的人则容易做出负向思考，这是一个不争的事实。

《哈佛商业评论》上曾指出："越来越多的实证显示，不论是儿童、集中营的幸存者，还是东山再起的公司，正向思考的复原力是可以学习的。"任何一个人都具备正向思考的能力，即便是一个思维负面化的人，经过训练也能学会正向思考。这种训练的本质其实就是在思考路径中加入两个重要的步骤，即反驳和激励。经由这样的刺激和反抗，负面思想才会逐渐向正面转化。

反驳是指对负面脚本、负面决策进行反驳，而激励是指强化反驳的能量，加深反驳的方向。如果你发现自己的思想中出现了负面的东西，就可以借由这两个步骤来改变自己的思路方向，经过练习使负面抱怨转化为正面感激，提高正向能量。

在日常生活中我们可以通过以下几个步骤来提出自己的"负面脚本":

第一,实时反驳自己的负向思考。以赶公交车迟到为例,如果你的大脑正在做负向思考,就会发出一系列负面信号,这时你就要对这些负面信号进行反驳,提醒自己必须积极起来,然后去想还有其他的解决办法,如是否可以改坐出租车等。

第二,实时激励自己。当你通过反驳截断了负向思考的蔓延,你还要为这种反驳提供持续的力量,这就是激励,激励自己朝着积极的方向思考,你的正向思路就会更坚实。

第三,意识到不良意志和品质的危害。懒惰、拖延、盲从、怯懦、冲动和优柔寡断等都是失败的祸根,是形成负面脚本的根源,认识到这些因素的害处,并及时改正它们。

第四,反复练习。从战胜一次负向思考开始,用结果验证思想,进行反复练习,只要是有负向思考出现,无论大事小事,都要认真对待。不断地练习,使自己形成正向思维。

第五,坦然接受不能改变的。现实中缺陷总会存在,一帆风顺和完美无缺的人生几乎不存在,坦然接受生活中的缺陷,不要躲避、不要侥幸逃离。

第六,勇敢迎接挫折。直面挫折或是失败,从中发现自己的不足和缺点,并抱着积极的心态寻找解决的办法。

第七,相信自己的价值。不过分苛求自己,不在无意义的事物上过于花费时间,找到自己的方向,并坚持不懈地走下去。

第八,提高解决问题的能力。任何事情都有解决的方法,努力运用逆向思维、发散思维等提高自己解决问题的能力。

4. 生活是一面镜子，要对它笑一笑

对我们来说，正向思考是一种强大的力量。它不仅能够让我们的心智变得坚定、积极，而且直接作用于我们的身体，使我们获得心灵、身体的双重支持。

有一个女孩因为不慎丢失了一条心爱的项链，所以心情一直很低落，长达两个星期茶不思、饭不想，还因此生了一场大病，很久都没有痊愈。后来一个神父前去看望她，并问她道："假如哪天你不小心丢失了10万元，你会不吸取教训而再丢失另外20万元吗？"

女孩毫不犹豫地回答："当然不会。"

神父接着又问道："但是你为什么要在丢掉一条项链之后，还要丢掉两个星期的快乐，甚至还因此大病了一场，丢掉了自己的健康呢？"

听了神父的话，女孩恍然大悟，一下子跳下床，说："是啊，我为什么还要主动丢掉那么多属于自己的东西呢？从现在开始我拒绝再损失下去，现在我要想办法怎么才能再赚回一条项链。"

一帆风顺的人生少之又少，我们时常会面对人生的跌宕起伏，挫折、烦恼、伤害、磨难也许会毫无预兆地闯进我们的生活，使人生变得不再美好、顺畅，甚至一度变得灰暗、毫无生气。但是只要我们积极调动自己的思想，发挥正向思考的作用，就能驱走一切阴霾，拥有快乐、美好的人生。

故事里的女孩因为一条项链丢掉了快乐、丢失了健康，是因为她

忽视了正向思考的力量。消极的思考只会加速美好事物的损失,唯有正向的、积极的思考才具有吸引美好事物的独特力量。也许人生中的困难带给你的并不仅仅是丢掉一块手表那样简单的悲伤,有时甚至会压得你喘不过气。但是请记住,不论你失去了什么,你都不该失去正向思考的思维。只要你积极调动它,它就能驱赶一切负面因素,帮助你抵达快乐、成功的彼岸。

一天,美国前总统罗斯福的家中失窃,损失了很多钱财。一位朋友得到消息后立刻给罗斯福写了一封信,希望可以安慰他一下。不久,这位朋友就收到了罗斯福的回信,信中写道:

"亲爱的朋友,非常感谢你来信安慰我,我现在很平安,请你放心,而且我还要感谢上帝:首先,小偷偷去的是我的东西,而没有伤害到我的生命;其次,小偷只偷去了我家的一部分东西,而不是所有;最后,最让我值得高兴的是,做小偷的是他,而不是我。"

这是一个广为流传的故事,罗斯福所列举出的3条感谢上帝的理由,充分显示了他作为正向思考者的特质。这种特质也成为他深受美国民众和世界人民尊敬的原因之一。或许谁都不曾想到,这样一位曾在美国政坛连任4届总统,并对联合国的建立做出过突出贡献的政界"奇才",竟然会是一个患有小儿麻痹症的人。罗斯福的一生都闪耀着夺目的光彩,这得益于他的聪慧与勤奋,更得益于他所具备的正向思考特质,正是这种正向思考特质使他充分发挥出了生命的力量,成为美国历史上最伟大的总统之一。

可以说,善于正向思考的人更容易获得上天的垂青,因为这些正向思考者身上都有独一无二的特质,能够吸引美好事物的到来。因此,我们了解并认识正向思考者所具备的特质,并将其与自身相结合,也是一个剖析自我、认识自我，并间接完善自我的过程。

善于正向思考的人都有着几乎相同的人格特质，对于人生的态度也惊人地相似，这让他们拥有把握精彩人生的巨大力量，使他们时刻心怀感恩、积极向上，为自己的生命而歌。正如霍金所说："我的大脑还能思维，我有终生追求的理想，有我爱的和爱我的亲人和朋友，对了，我还有一颗感恩的心……"这无疑成为那些正向思考者始终都在心中哼唱着的歌谣。

归纳来看，正向思考者所具备的特质主要体现在以下3个方面：

第一，能够坦然面对现实。现实也许并不总是像我们想象得那样美好，难免会上演悲伤与落寞，逃避现实只能让它们越来越近，而唯有面对，才能获得与之抗争的勇气与力量。

第二，拥有深信"生命有其意义"的价值观。任何一个生命个体都有其独特的意义，完全地发挥生命的内在力量，并将这些力量服务于社会，贡献于世界，则每个生命都可以闪现出耀眼的光芒，获得世界的认可。

第三，实时解决问题的惊人能力。行动是一切事物得以实现的重要因素，如果只说不做，再多的思考也是徒劳。具备解决问题的惊人能力，才能获得推动事物发展的实力。

正向思考者所具备的特质仅仅3条而已，却概括地诠释了人们驾驭自我、实现生命完整价值的过程：树立信心、坚定信念、实施行动。然而这又是需要被我们深刻体会的，信心需要多大，信念需要多么坚定，行动需要付出多少艰辛与努力，都是需要我们每个人去深入了解的。

有一句名言说："生活是一面镜子，你对它哭，它就对你哭；你对它笑，它就对你笑。"而这也恰恰总结了正向思考的内涵：用美好的心态去面对生活中的一切，就会得到一切美好的结果，并且这种结果会作用于生活，使它朝着美好的方向发展。

5. 高超的正向思考，决定高超的结果

正向思考是思维的最高级形式，运用这种思考来看待和解决生活中的事物，往往可以给我们带来意想不到的良好效果。但是在运用正向思考时，不同的人却会带来不同的结果，这是因为他们正向思考的运用程度有高有低，思维导致结果，结果验证思考，正向思考程度完善，当然结果喜人，正向思考不足，结果也会令人担忧。一个思维比另一个思维更正面，结果也就更好，思维的成功才能决定结果的成功。

在娃哈哈和法国达能公司开展合作初期，娃哈哈集团董事长宗庆后一直坚持中方掌管经营权的原则，并对达能公司说："如果你要掌管经营权，你就把钱拿走。"结果，达能公司的投资金额累积达到了7000万元，但是却没有派一个人到娃哈哈负责经营，而娃哈哈近年来的经营业绩始终十分出色。

达能公司运用了一种看似高超的正向思维，但是却没能敌过宗庆后的思维。他的带有战略性的坚持就是高境界正向思考中的一种，结果证明宗庆后的做法没有错，它成就了一个高人一筹的宗庆后，也带领娃哈哈公司走进全球饮料领跑企业。成功的人之所以成功，正是因为他们有着更高程度的正向思维，做出了超越于他人的正向思考决策，从而拥有了属于他们的成功。

高超的正向思考决定高超的结果。宗庆后的正向思考可以被称之为高境界，但是凡事只有相对，没有绝对，正向思考也是如此。再成

功的人也不可能达到最高境界的正向思考，只能无限接近，无限缩小思考与最高境界的正向思考之间的差距。真正做到这种无限趋近并不容易，如果说培养正向思考是创造成功的基础，那么提高正向思考的高度就是抵达成功顶峰的必要条件，我们只有不断完善并提高正向思考的程度，才有可能与那座最高的成功之峰靠近，最大限度地实现自身价值。正向思考存在最高境界，虽然我们很难真的达到它，但却可以无穷靠近它，最高境界的正向思考需要具备以下几个条件：

（1）最贴近具体环境的正向思考

正向思考不是一个简单的理论，而是需要与具体实际相结合的实践方法，任何脱离具体事实的正向思考都是空想，这也是为什么很多人在心中有着对正向思考的认识，但却总是在现实中碰壁的原因。

一家五星级大酒店正在招聘一位大堂经理。这天，四位经验丰富的应试者经过层层筛选，获得了最后通关的机会。经过一轮专业性的提问，主考官发现四位女士实在是难分伯仲，这让面试进入了一种近乎令人窒息的氛围，无法抉择是最难的抉择。就在这时，面试官说出了一个看似刁钻的问题："我可以吻你吗？"听到这个问题，第一位应试者呆住了，不知所措，与刚才热情开朗的她几乎判若两人；第二位应试者反应更为激烈，她大声斥责面试官，觉得自己受到了侮辱，而且拂袖离去；第三位应试者非常主动地吻了面试官，反而把面试官弄得很不好意思；第四位应试者却优雅地伸出一只手，等待接受面试官的亲吻。

面试结果不言而喻。

四位应试者在各项素质上都旗鼓相当，但是唯有思维存在偏差，这种偏差就体现在正向思考与现实的结合上，拥有实时解决具体事件的能力,是实现高境界正向思考的一个具体表现。

现实与思维往往有着很远的一段距离,只做思考而缺乏与之相匹配的执行力,就永远无法使正向思考发挥作用。一个人没有一点神通就无法成为职场中的领跑者,更不会成为生活中的佼佼者,拥有将正向思考与具体环境高度结合的能力,将最正向的思考实现于最恰当的环境,就是一种神通,这是高境界正向思考的深度。

(2)一生持续保持正向思考

正向思考可以带来正向的结果,正向思考实现得越深,结果也就越可喜。但是正向思考不是一蹴而就的神仙妙法,它需要持续地被挖掘和被执行才能发挥应有的效力。如同那些怨天尤人、自暴自弃的人一样,不坚持终将会导致最后的迷茫与堕落。当然,正向思考无法得到持续也是负向思考作祟的结果,它直接导致了人们的放弃。

海克特是德国软件巨头SAP公司的创始人之一,早年他在公司中占有重要地位,享有16%的公司股权,比公司里的灵魂人物哈索·普拉特纳还要高,那时的他春风得意,积极向上。但是在公司员工埋头苦干、SAP公司突飞猛进时,他却渐渐落伍了,与曾经并肩作战的几位公司元老渐行渐远,他觉得自己受到了排挤,甚至觉得自己像个汽车上的备胎。于是他被调离了监事会,但是之后的屈辱仍然让他觉得难以接受,最后,他出售了自己600万股股票,彻底离开了SAP公司。

对于海克特的一系列做法,掌门人荷普非常愤怒,他说:"合作几十年,他一直与我们谈笑风生,谁也没想到,他竟然在几个月之内就变了一个人。"然而思想决定行动,行动导致结果,谁也没能阻止海克特的离开,原因在于他的思想固化在了过去的模式之中,海克特的确是SAP的功臣,但是他的思想无法与公司同步前进,新晋人才相继涌入,公司不断被创新者改革,在决策性角色产生巨大的改变后,他失去了公司建设之初的激情以及积极的工作态度，正向思考也由此被慢慢侵蚀，并最终消失，导致了善始未能善终。

稍纵即逝的正向思考只能发出几秒钟的光芒，虽具力量却不能长久，不能成就我们整个人生的辉煌，我们只有让正向思考持续、长久、稳定地存在，才能够永久得益于它。正向思考被持续、不遗余力地运用，这是高境界正向思考的长度，这种长度无法被度量，只能用永远来定义。

(3) 对所有事物进行正向思考

有句话说："心有多大，舞台就有多大。"同样，你的正向思考有多宽广，你人生的成功领域就有多宽广。为了获得特定的结果，人们总是习惯于将正向思考用在某些特定事物上，例如想要通过考试，就会为此而做出正向思考；想要获得一个人的喜爱，就会把正向思考用到这个人的身上。但是总有些结果是人们不愿接受的，那往往就是被人们忽略的，没有使用正向思考去对待的事情。

"海纳百川，有容乃大"，这的确是一种大家风范，将正向思考深入到每一件事物当中，是一件很难做到的事，但是可以肯定的是，一个人正向思考的范围越是宽广，得到的也就越多。

28岁那年，韦尔奇负责一家工厂的运营，但是遗憾的是，工厂发生了爆炸，损失非常严重。听到这样的结果，公司高层气愤不已，纷纷斥责韦尔奇不负责任。但是处理这起事故的查理·里德却观点独特，他想到的是韦尔奇从这场事故中学到了什么以及公司是否应该继续这个项目。结果，他没有给韦尔奇任何处罚。之后韦尔奇进步得很快，不断升职，最后成为CEO，当然查理·里德的职位也随之不断升迁。

查理·里德的做法不仅是一种高明的为人处世的态度,而且也体现了一种高瞻远瞩的思想。

用发散的眼光看世界,将正向思考广泛撒网,充分运用到每一件事情上去,这是高境界正向思考的广度,这个广度足够大,就能创造出足够丰富的精彩。

(4) 让自己无限接近最高境界的正向思考

正向思考的有效实现需要具备3个因素:深度、广度和长度。缺少其中任何一个因素,正向思考都是难以得到充分发挥的。我们的人生之所以会遇到这样那样不尽如人意的事,除了负向思考的影响外,很多都是因为我们的正向思考不够完善。

想要创造近乎完美的人生,我们不仅需要具备正向思考的能力,还需要有能够与时俱进地完善正向思考的能力,使它更具深度、广度以及持续性。这来自生活点滴的积累,我们要从小事做起,逐渐加强正向思考的力量,最大限度地接近最高境界的正向思考,你可以这样做:

①从做好每一件事开始。从完全投入一件事开始,在一件事上投入足够的正向思考,并始终坚持,努力将这件事做到最好。

②做一日模拟练习。从早晨经历的第一件事开始,就努力使用正向思考去接收它们,坚持一整天,然后在晚上总结一天的正向思考给自己带来的影响。

③多参加集体活动。多多参与集体活动,在集体活动中尝试成为主持人或是活动倡导者,提高自己的应变能力和判断能力。

6. 只要你想控制情绪，终究会有办法

一位曾在餐饮行业摸爬滚打了多年的老总说："一个人不见得有比使他伤脑筋更大的事情了。在经营饭店的过程中，几乎天天会发生能把你气得半死的事。当我在经营饭店并为生计而必须与人打交道的时候，我心中总是牢记着两件 事情。第一件事：绝不能让别人的劣势战胜你的优势；第二件事：每当事情出了差错，或者某人真的使你生气了，你不能大发雷霆，而是要十分镇静，这样做对你的身心健康是大有好处的。"

一位商界精英说："在我与别人共同工作的过程中，多少学到了一些东西，其中之一就是，绝不要对一个人喊叫，除非他离得太远不喊听不见。即使那样，也得确保让他明白你为什么对他喊叫，对人喊叫在任何时候都是没有意义的，这是我的经验，喊叫只能制造不必要的烦恼。"

从上面的老总和商界精英的话中，我们可以看出，控制住自己的情绪对于一个人办事有多么大的影响。所以，现在如果你觉得你还不能很好地掌控自己的情绪，同时你又想把事情办得尽善尽美，那么就多多留意，从控制自己的情绪做起。

一切的情绪都来自我们自身，我们自己才是情绪的创造者，任何时候都可以创造自己想要的感受，去体验期望中的情绪。在情绪面前，你可以做出选择。

一个男青年失恋了，他跑到酒吧喝酒，感慨万千借酒浇愁，泪水

顺着他的脸颊滑落,他怎么也想不明白为什么会这样。凌晨一点多,他踉踉跄跄地回到了家里,第二天他睡了一整天,但醒来后依然感到莫名的痛苦。他一直在悔恨,一直在想"如果",可生活毕竟无法重来,他被焦虑和烦躁困扰着,陷入自我设置的思维里而不能自拔,最后他竟无法忍受这份煎熬而发誓要报复这个社会。

另一个男青年,当女朋友提出与他分手的时候,他的外表是如此的冷静,以致谁也无法从他的脸上体察到一丝一毫的情绪表现,可他内心却翻江倒海、波涛汹涌,3年的感情就要在今天结束了,这个男青年也去了那家酒吧,默默地喝了几杯酒后就平静地回到了家里。第二天他来到无人的旷野,大声地嘶吼,顺着无人的山路疯狂地奔跑,汗水浸透了他的衣服。第三天早上8点钟他站在镜子面前微笑了一下,整理了一下领带就去上班了。他很平静地来到公司上班,他知道前面会有一段全新的生活在等待着他。

人类都是感情动物,除非完全失去了感受能力的人,否则都免不了有情绪的时候。许多事情,因为我们可以有不同的诠释角度,所以产生的情绪效果也会完全不一样,毕竟不是所有的事情都能得到我们所想要的结果。

情绪是个很奇妙的东西,当我们被它所困扰的时候,如果不能及时地跳出情绪的陷阱,那将一直被它所影响,这样一来,它所给我们带来的消极影响是十分巨大的,当然,这种影响是在不知不觉中进行的,所以,正视情绪问题对我们每一个人来说都是十分重要的。

美国密歇根大学心理学家的一项研究发现,平凡人的一生,平均有十分之三的时间处于情绪不佳的状态,因此,人们常常需要与那些消极的情绪作斗争。

情绪问题目前还没有引起人们足够的重视,但实际上,情绪一直作用于我们的生活。街头几个菜贩因为抢占地盘不惜大动干戈，操起扁担就打了起来；公交车上因为某某不小心踩了谁一脚，便有了骂爹骂娘的声音；考场上因为紧张而出现情绪失控，导致场面陷入混乱；家庭内部的胡乱猜疑，使得血案频频发生……因为冲动，世间留下了许多悔恨不已的故事。

我们每个人都不可避免地会产生情绪，但因为面对的心态和处理的方法不一样，所产生的结果有着天壤之别。

实际上，即使我们有痛苦的情绪了，也完全不必把它当成是我们的敌人，它只是在告诉你一个信息，你有些地方需要改一改。当你运用这些信息对自己进行改变的时候，你就能更好地掌握自己的人生。例如当你在台上发表演讲产生了紧张情绪，这是在告诉你必须改变内心的那份紧张心理，改变之后，你就不会再为它所控制。别以为一切都无法改变，只要你想控制，终究会有办法。当问题真正解决的时候，你的脸上就会有自信的笑容了。

学会掌控情绪，你将能享受人生的精彩，若你只能被情绪拖着走，那么，你应该明白，情绪化的人往往无法战胜自我，更不可能取得事业、爱情上的成功。

一个星期六的上午，汤姆去会见某知名公司的部门主管，约见地点是他的办公室。那个主管事先说明他们的谈话会被打断20分钟，因为他约了一个房地产经纪人签关于该公司迁入新办公室的合同。由于只是个签字的手续，主管允许汤姆在场。

后来那位房地产经纪人带来了平面图和预算，很明显他已经说服了他的顾客，稳操胜券的时候，他却出人意料地做了一件蠢事。

这位房地产经纪人，最近刚刚与这家知名公司主管的主要竞争对手签了租房合同。他大概仍然陶醉在自己的成功之中，开始详细描述那笔买卖是如何做成的,接着赞美那个"竞争对手"的优秀之处,称赞其有眼力,很明智地租用了他的房子。汤姆当时猜想,接下来他就要恭维这位公司主管也做出了同样的决策。

可是这时,公司主管站了起来,感谢那位房地产经纪人做了那么多介绍,然后说他暂时还不想搬家。

房地产经纪人一下子傻眼了,当他走到门口时,主管在后面说:"顺便提一下,我们公司的工作最近有一些创意,形势很好,不过这可不是踩着别人的脚印走出来的。"

或许在那个时候,房地产经济人才意识到自己在关键时刻忘了对方,只顾着陶醉于自己已取得的推销成果,而忽略了买方也有其做出正确抉择的骄傲。就是因为他的得意忘形失去了这单生意,这就是在工作时不会控制情绪的害处。

良好的情绪可以成为事业和生活的动力,而恶劣的情绪则会对身心健康产生破坏作用。因而把自己的情绪升华到有利于个人社会的高度,才是明智的选择。在情绪易于剧烈波动的时刻,应该保持清醒的头脑,严防偏激情绪的爆发。人的情绪和其他一切心理过程一样,是受大脑皮层的调节和控制的,这就决定了人是能够有意识地控制和调节自己情绪的,可以理智驾驭情绪,做情绪的主人。

如何学会自制呢?最好的办法就是经常将自己放在别人的位置上想想。有时自己被激怒并不是对方故意的,而是无意的行为。这时候如果不控制自己,任由感情爆发,肯定是没什么好结果的。

如果有人对你发怒,你也被激怒了,那么你和对方还有什么区别?你已经变成了自己讨厌的怒气冲冲的样子。要学会做出不一样的反应,才有能力改变对方,让对方平静下来。

很多人都想影响、控制别人,可是别人往往不受控制,因为我们不能控制自己。如果真能完完全全地控制自己，旁人就会受我们影响。当你能对自己的情绪做主了，就能做主控制周遭的环境了。

有时候掌控不住情绪，不管三七二十一就开始发脾气，结果一定会让场面十分难堪。在压力很大的社会里，每个人难免都会碰到这种"擦枪走火"的状况。但是，聪明人就要有将情绪立即收回来的本事。

美国的林登·约翰逊总统，曾经为了自己的秘书乔治·里狄出了个差错而怒气冲天地在电话里将他骂得狗血淋头，什么恶毒的话都讲了出来。站在旁边听到这些话的人，都觉得他会将秘书解雇。但约翰逊一挂了电话，竟马上对随从说："现在把这个礼物送给乔治。"大家都觉得十分惊讶。约翰逊叹了口气解释说："当一个人在情绪低落时，最需要别人的礼物。"

情绪是一种感性反应，大致可分为喜、怒、哀、痛、悲等不同表达形式。情绪的掌控属于一种反应上的管理，一个受到太多的保护，或是自主性较高、个性过强的人，容易忽略周围的反应，所以情绪的掌控能力往往较差。相反，阅历较多、顾全大局的人，情绪上的掌控能力就相对较强，因为他会采取同情心的看法，顾及别人和自己之间的情绪平衡问题。

所以一个人情绪的好坏，不但会影响自己，也会间接地刺激到周围的人、事、物。

情绪对人类有一定的影响，有些人始终很难摆脱被情绪操控和奴役，结果一生被情绪所衍生出来的是是非非所束缚，甚至原来拟定好的生活规划，也会被突如其来的情绪问题所搅乱。一旦搅乱了方寸之后，就容易作出非理性的判断，使自己陷入劣势、屈居下风。

那么，到底怎样察觉情绪、控制情绪呢？以下提供几个情绪管理的方法给各位参考。

第一，体察自己的情绪。也就是时时提醒自己注意："我现在的情绪是什么？"例如：当你因为朋友约会迟到而对他冷言冷语时，问问自己："我为什么这么做？我现在有什么感觉？"如果你察觉到你对朋友三番两次的迟到感到生气，你就可以对自己的生气做出更好的处理。

有许多人认为："人不应该有情绪"，所以不肯承认自己有负面的情绪。要知道，人一定会有情绪的，压抑情绪反而会带来更不好的后果，学着体察自己的情绪，是情绪管理的第一步。

第二，适当表达自己的情绪。以朋友约会迟到的例子来看，你之所以生气可能是因为他让你担心，在这种情况下，你可以婉转地告诉他："你过了约定的时间还没到，我好担心你在路上发生意外。"试着把"我好担心"的感觉传达给他，让他了解他的迟到会带给你什么感受。

什么是不适当的表达呢？例如，你指责他："每次约会都迟到，你为什么都不考虑我的感受？"当你指责对方时，也会引起他负面的情绪，他会变成一只刺猬，忙着防御外来的攻击，没有办法站在你的立场为你着想，他的反应可能是："路上塞车嘛！有什么办法，你以为我不想准时吗？"如此一来，两人开始吵架，更别提什么愉快的约会了。如何"适当表达"情绪，是一门艺术，需要用心去体会、揣摩，更重要的是，还要运用在生活中。

第三，以合宜的方式纾解情绪。纾解情绪的方法很多，有些人会痛哭一场；有些人会找三五好友诉苦一番；另一些人会逛街、听音乐、散步或逼自己做别的事情以免老想起不愉快。比较糟糕的方式是喝酒、飙车，甚至自杀。要提醒各位的是，纾解情绪的目的在于给自己一个厘清想法的机会，让自己好过一点，也让自己更有能量去面对未来。如果纾解情绪的方式只是暂时逃避痛苦，随后还需承受更多的痛苦，那这就不是一个合宜的方式。

有了不舒服的感觉，要勇敢面对，仔细想想，为什么这么难过、生气？我可以怎么做，将来才不会再重蹈覆辙？怎么做可以降低我的不愉快？这么做会不会带来更大的伤害？根据这几个角度去选择适合自己且能有效纾解情绪的方式，你就能够控制情绪，而不是让情绪来控制你！

第四，转换想法、改变心情。情绪调适的根本之道，还在于彻底转换我们对该事件的负面想法及感受，练习去中断困扰自己的负面念头，尝试换个角度看待问题，多以乐观、正面的方式来思考，并培养自己具有合理、弹性的信念及价值观，相信这样一定能摆脱困扰情绪、拥有好心情。当然，如果这些努力都尝试了，还是不能改变不良的情绪，这时不妨求助于社会上的心理服务机构，与专业的心理咨询师或心理治疗师谈一谈，相信对于你的情绪管理及内心困扰定会有所帮助。

第 四 章

愿你的生活，
既有软肋又有盔甲

1. 每只小狗都有自己的目标

美国有一个机构，曾经长期追踪观察一百个年轻人，直到他们年满65岁。结果发现，在这一百个人中，只有一个人非常富有，5个人经济有保障，而剩余的94个人情况不太好，晚年生活十分拮据，可以说是失败者。而这晚年拮据的94个人之所以会如此，并非因为年轻时努力不够，主要是因为他们没有确定清晰的人生目标。

从这个案例中我们能简单明了地看到，拥有清晰的目标，会对未来的人生产生重大影响。

这与学习是同样的道理。当你在开始学习之前，应该好好思考一下我学习的目的是什么，仅仅是为了增加自己的学历，还是要将所学的知识运用于实践？或是其他目的。只有先明确了目标，才能够更好、更合理地安排自己的学习时间和学习内容。

曾经有一对夫妇，他们有两个孩子，孩子还小的时候，父母决定为他们养一只小狗。小狗抱回来以后，他们想请一位朋友帮忙训练这只小狗。在第一次训练前，驯狗师问："小狗的目标是什么？"夫妻俩面面相觑"一只小狗的目标？那当然就是当一只狗了。"驯狗师极为严肃地摇了摇头说："每只小狗都得有一个目标。"

夫妇俩商量之后，为小狗确立了一个目标：白天和孩子们一起玩，夜里要能看家。后来，小狗被成功地训练成了孩子的好朋友和家中财产的守护神。

这对夫妇就是美国前任副总统阿尔·戈尔和他的妻子迪帕，他们牢牢地记住了"做一只狗要有目标"这句话。

一只狗都要有它的目标才能开始训练,那么一个人更需要目标。没有目标,一切的想法都只是停留在空想之中。有了目标人生才会有努力和奋斗的方向,奋斗也才会变得更加有动力,这就是目标的重要性。

显然,成功者总是那些有目标的人,鲜花和荣誉从不会降临在那些没有目标的人头上。

许多人怀着羡慕、嫉妒的心情看待那些取得成功的人,总认为他们取得成功的原因是运气好、有外力相助,于是感叹自己的运气不好。殊不知,成功者取得成功的原因之一,就是确立了明确的目标。一个人有了明确的奋斗目标,也就产生了前进的动力。因为目标不仅是奋斗的方向,更是一种对自己的鞭策。有了目标,就有了热情,有了积极性,有了使命感和成就感。

一个没有目标的人就像一艘没有舵的船,永远漂流不定,只会到达失望、失败和丧气的海滩。有理想、有追求、有上进心的人,一定都有一个明确的奋斗目标。

只有确立了前进的目标,一个人才会最大可能地发挥自己的潜力。只有在实现目标的过程中,我们才能够检验出自己的创造性,调动沉睡在心中的那些优异、独特的品质,进而锻炼自己、造就自己。

1976年,19岁的迈克尔在休斯敦的一家航天实验室工作,虽然这里待遇优厚,但是环境沉闷,迈克尔希望改变自己的现状。他心中一直有创作音乐的梦想,但是写歌词并不是迈克尔的专长,于是他找到善写歌词的凡尔芮同他一起创作。当凡尔芮了解到迈克尔对音乐的执着以及目前不知如何入手的迷茫时,决定帮助他实现梦想。于是凡尔芮问迈克尔:"你想象中五年后的生活是什么样子的?"

迈克尔沉思片刻，说道："五年后，我希望自己会有一张唱片在市场上发行；我想住在一个有音乐氛围的地方，能够天天和世界一流的音乐人一起工作。"

凡尔芮说："那么，我们现在就看看你和你的目标之间的差距有多远吧。现在，你有固定的工作，音乐创作的时间非常有限。而你想要达成梦想，那音乐将是你生活和工作的主要甚至全部内容，这就是差距所在。"

凡尔芮继续说道："现在我们把你的目标反推回来。如果第五年你想有一张唱片在市场上销售，那么第四年你就一定要和一家唱片公司签约；第三年你就要有一首完整的作品，可以拿给很多唱片公司听；第二年你一定要有很棒的作品开始录音；第一年你就要把所有准备录音改好，然后逐一进行筛选；第一个月你就要把目前手中的这几首曲子完工；第一个礼拜你就要先列出一张清单，排出哪些曲子需要修改，而哪些则需要完工。你看，现在我们不就知道你下个星期应该做什么了吗？"

凡尔芮接着说道："如果你五年后想要生活在一个有音乐氛围的地方，与一流的音乐人一起工作，那么第四年你就应该有一个自己的工作室或者录音室；第三年，你可能就得先跟这个圈子里的人一起工作；第二年，你就应该搬到纽约或者洛杉矶去住了。"

凡尔芮的一番话，让迈克尔大受启发。很快地，他就辞去了现有的工作，搬到洛杉矶。时隔六年，迈克尔的唱片大卖，一年卖出了几千万张，而且他每天都与顶尖的音乐人在一起工作。正是凡尔芮冷静地找出差距，并一步步地进行分析，给迈克尔指出了一条通往梦想的道路。

今天的自己和十五年后的自己之间有什么差别？找到差距以后，

就该努力地提高自己,弥补差距,使自己距离目标越来越近。

在现实生活中,有许多人会因为目标过于远大,或者理想过于崇高而轻易放弃,若能够懂得为自己设定"次目标"便能够较快地获得令人满意的成绩,而每一个"次目标"都是按照自己目前所拥有的能力来制定的,只要努力就能够完成,这样一来心理上的压力也会随之减小,而当你逐步达成每一个"次目标"时,就意味着你总有一天会达成最终目标。

享誉美国的零售业大王伍尔沃夫年轻的时候非常贫穷,曾经有一段时间,他生活在乡下,一年中几乎有半年的时间连鞋都穿不上。

那么,他是怎样走向成功和富有的呢?他自己曾解释说,其实秘诀非常简单,那就是让自己的心灵充满积极向上的思想。最初,他向别人借了300美元,开了一家所有商品的售价都是5美分的小店。虽然他在纽约设立的第一个店铺因为营业额太少,经营失败了,可是在以后的时间里,他稳扎稳打、慢慢地扩展事业;10年之后,他就有了10家分店。

伍尔沃夫以自己的努力一跃成为美国最闻名的投资者,他建立了当时世界上最高的大厦,也就是纽约市鼎鼎大名的伍尔沃夫大厦。他用现金全额支付了高达1400万美元的建筑费用,甚至还大方地在自己的住宅里放置了一台价值10万美元的管风琴。

伍尔沃夫的成功来自他母亲传授给他的积极向上的思想。当他还是个穷小子的时候,每次遭遇挫折、垂头丧气的时候,他的母亲前去看他,总是把他的手紧紧握住,并鼓励他:"不要灰心,总有一天你会成为有名的富翁的。"

于是,伍尔沃夫逐渐明确了自己的生活目标,并采取了一系列积极的行动……

　　一个没有目标的人就像一艘没有舵的船,永远漂流不定,只会到达失望、失败和丧气的海滩。前美国财务顾问协会总裁刘易斯·沃克曾接受一位记者采访。他们聊了一会儿后,记者问道:"到底是什么因素使人无法成功?"

　　沃克回答:"模糊不清的目标。"记者请沃克进一步解释。他说:"我在几分钟前就问你,你的目标是什么?你说希望有一天可以拥有一栋山上的小屋。这就是一个模糊不清的目标。问题就在'有一天'不够明确,因为不够明确,成功的机会也就不大。"

　　"如果你真的希望在山上买一间小屋,你必须先找出那座山,找出你想要的小屋现值,然后考虑通货膨胀,算出5年后这栋房子值多少钱;接着,你必须决定,为了达到这个目标,每个月要存多少钱。如果你真的这么做,你可能在不久的将来就会拥有一栋山上的小屋;但如果你只是说说,梦想就可能不会实现。梦想是愉快的,但没有配合实际行动计划的模糊梦想,则只是妄想而已。"

　　生命是一条单行线,人的时间和精力也是有限的,在这条单行线上徘徊、迷茫、迂回的时间越长,生命消耗得就越快,为自己最想要的而奋斗的时间、精力就越少,因此人最初就要明确地了解自己想要什么,如果连自己一生想要的是什么都不知道,那还奢望能够得到什么呢?

　　所以,从现在开始,按照罗盘的指示,驾驶人生的航船,向着目的地进发吧!记住,只为自己想要的目标开足马力,不要为了航路上的小鱼、小虾而耽误航程,因为精力有限,要做对实现目标有益的事。

2. 咬定青山不放松

人生一定要有明确的目标。在追求目标的过程中,一定要坚定信念,要咬定青山不放松,这样才能使自己全身心地投入,行动起来才能敏捷、有力度。唯有保证目标正确,信念坚定,行动有力,才能保证你不断迈向卓越的人生。

"目标"与"信念"这两个词是经常连在一起的,目标是一种外在的、具体的、实际的表现,信念则是一种内在的、抽象的、含蓄的表现。现实中的目标就像一个运动的靶子,如果我们没有认定目标的决心,内心没有坚定的信念,稍不留神,它就会溜之大吉。外在的言行可能成为我们生活中的一个定点,也就是我们平常说的目标。心里有了对这个目标的向心力、凝聚力,才会对它产生一种激情,去追寻它、发展它、实现它。这种激情是源于对自己内心表现的一种认可,是自身价值在社会中所体现出来的一种认可,是对信念的一种表现形式。

如果我们发现自己对人生充满了信心和激情,自然而然就会在心中树立一种对这种信心和激情向往的坚定信念,朝着这个目标努力走下去。这种信念不是装出来,它是源自我们内心迸发出来的一种力量,是目标带来的信念与激情的良好结合。

有人说:信念是人生的太阳,也是目标前进的动力。这话一点儿都不错。

20世纪50年代早期,美国南加州一个小小的城镇中,一个小女孩抱着一堆书出现在图书馆的柜台。

这个小女孩是个小读者，她父母的屋子里有很多书，但都不是她想看的。所以她每个礼拜都会到坐落在一排木结构房子中的黄色图书馆来看书，里面的儿童图书馆在一个隐蔽的角落，她就在这个角落里碰运气找几本她想看的书。

当白发苍苍的图书管理员正在为这个10岁的小女孩所借的书盖上日期戳印时，小女孩渴望地看着柜台上"新书专柜"的地方。她为写书这件事一再地惊叹，在书中开创另一个世界是何等的荣耀。

在这个特别的日子，她定下了她的目标。

"当我长大以后，"她说，"我要当一个作家，我要写书。"

图书管理员听到后，并没有像其他大人一样叫小女孩谦虚点，而是微笑着鼓励她说："如果你真的写了书，把它带到我们图书馆来，我会展示它，就放在这个柜台上。"

小女孩承诺说："我一定会的。"

她长大了，她的梦也是。

她在九年级时有了第一份工作，撰写简短的个人档案，每写一个档案，地方的报社都会给她1.5美元。钱的吸引力比让她的文字出现在报刊上的魔力逊色多了，通过这份工作，她的写作能力得到了很大的提高。但，这离写一本书还有很长的路要走。

之后，她还编过学校的校内报纸。后来她结婚、有了自己的家，写作的火焰还在内心深处燃烧着。她有了一个兼职的工作，把学校发生的新闻编成周报。

但要写的书，还是连影子也没有。

后来，她又到一家大报社从事全职工作，甚至还尝试编辑杂志，还是没写书。

但她相信她有话要说，于是开始了创作。她把成品送给两家出版商过目，却遭到拒绝，于是她悲伤地把它丢在一旁。7年后，旧梦复燃,她有了一个经纪人,又写了另外一本书。

她把藏起来的那本书一起拿出来,很快,两本书都找到了出版商。

但书的出版比报纸慢得多,所以她又等了两年。有一天,内含这名自由撰稿人新书的邮包寄到她门前,她打开一看,哭了起来。等了这么久,她的梦终于实现了。

她想起了图书馆管理员的邀请和她的承诺,决定兑现它。虽然那个特别的管理员早已去世,小小图书馆也扩建成大图书馆。她给图书馆馆长写了一封信,说图书馆对一个小女孩的意义有多重大,还说了那个图书管理员对她的鼓励以及她们之间的约定。她说她会在高中毕业后第三十年校庆会回到小镇来,她问馆长是否可以带两本书送给图书馆,因为这对当时那个10岁的小女孩而言是件大事。图书馆复电表示欢迎,她终于要完成全部的梦想。

她回到故乡,把她的书交给图书馆工作人员,图书管理员把它们放在柜台上,还附上了解说。看着这一切,泪水流满了她的面颊。

她拥抱了图书馆工作人员之后离开了,在外面照了一张相片来证明虽然经过了三十多年,但梦想成真,承诺也兑现了。

站在图书馆公布栏的海报旁,10岁小女孩的梦想和这名作家终于合而为一了,海报上写着:欢迎归来,姜·米歇尔!

老图书管理员的一句话,如同一把火点燃了小女孩心中的希望,激励了她孜孜以求的一生。她的成功再次启示我们:命运并不存在于一个小时的决定中,而是实现于远大目标的建立、经受考验和默默无闻的工作的基础上。成功绝不会一帆风顺,青云直上。要想成功,就要靠着顽强的信念和斗志、不懈攀登、克服障碍、寻求机会。

罗杰·罗尔斯出生在纽约声名狼藉的大沙头贫民窟。这里环境肮脏，充满暴力，是偷渡者和流浪汉的聚集地。在这儿出生的孩子从小就逃学、打架、偷窃甚至吸毒，长大后很少有人从事体面的职业。然而，罗杰·罗尔斯却是个例外，他不仅考入了大学，而且最终成了纽约州的州长。

在就职的记者招待会上，一位记者对他提问：是什么把你推向州长宝座的？面对三百多名记者，罗尔斯对自己的奋斗史只字未提，只谈到了他上小学时的校长——皮尔·保罗。

皮尔·保罗担任诺必塔小学的董事兼校长的时候正是美国嬉皮士流行的时代，他发现诺必塔小学的穷孩子们比"迷惘的一代"还要无所事事。他们不与老师合作，旷课、斗殴甚至砸烂教室的黑板。皮尔·保罗想了很多办法来引导他们，可是没有一个是奏效的。后来他发现这些孩子都很迷信，于是在他上课的时候就多了一项内容——给学生看手相。他用这个办法来鼓励学生。

一天当罗尔斯从窗台上跳下，伸着小手走向讲台时，皮尔·保罗握着他的小手说："我一看你修长的小拇指就知道，将来你是纽约州的州长。"当时，罗尔斯大吃一惊，因为长这么大，只有他奶奶让他振奋过一次，说他可以成为5吨重的小船的船长。这一次，皮尔·保罗先生竟说他可以成为纽约州的州长，着实出乎他的预料。他记下了这句话，并且相信了它。

从那天起，"纽约州州长"就像一面旗帜，罗尔斯的衣服不再沾满泥土，说话时也不再夹杂污言秽语。他开始挺直腰杆走路，在之后的四十多年间，他没有一天不按州长的身份要求自己。51岁那年，他终于成了州长。

罗尔斯在他的就职演说中说："信念值多少钱？信念是不值钱的，它有时甚至是一个善意的欺骗，然而你一旦坚持下去，它就会迅速升值。"

信念这种东西任何人都可以免费获得,所有成功的人,最初都是从一个小小的信念开始,信念是所有奇迹的萌发点。

面对人生旅途中的挫折与磨难,我们需要清醒的头脑,更需要有坚定的信念。支撑我们为人生目标奋斗的,有我们的家庭、温暖的责任,还有我们的爱——这都是影响我们信念坚定与否的重要因素。当我们明白为什么而做、为谁而做的时候,才更能体现我们的激情,更能发挥我们的创造力,更能增强我们达成目标的动力。

3. 你所谓的稳定,不过是在浪费生命

腾讯老总马化腾有这样一句话:"坐票太安逸了,这会让人失去斗志、失去激情,我愿意全程站着,保持站着的姿势!"

贪图安逸是美好未来最大的敌人,没有危机就会迎来杀机。一个人要想保持斗志,就要不断给自己压力,让自己从安逸的状态中解脱出来。生活中,有很多人生活散淡,陶醉于安逸之中,逐渐变得懒惰。他们觉得努力工作并非当前的主要任务,因为生活已经足够好了,没有必要确立更大的志向。这种心态是他们取得成就的最大障碍,归根结底,是安逸的生活毁了他们的未来。

杨小易进入公司后,觉得工作已经有了保障,便选择了安逸的生活,工作上不思进取。无疑,他成了公司里业绩最差的销售员。当公司里传出裁员的消息时,几乎所有人都认定杨小易肯定会成为第一个被裁掉的员工。

　　杨小易步履蹒跚地走到家里,默默地想:我真的会被裁掉吗?如果真的没有了这份工作,那么我的妻子与孩子吃什么呢?那样的生活太恐怖了,我绝对不能被裁掉,杨小易仔细分析了自己业绩最差的原因,终于揪出了"安逸"这个最大的敌人。他坚定地告诉自己:"我要相信自己,我一定不会失去这份工作。过去的安逸让我失去了斗志,而现在我要重新将斗志点燃。"

　　杨小易剪了利落的发型,信心百倍地投入到工作中。他的销售业绩逐渐提高,打破了裁员名单的预言。一年后,他在公司的业绩竟然从排名最后跻身到前几名。两年后,他成了销售部门业绩最佳的推销员。

　　年度大会上,董事长让杨小易讲讲成功的秘密。杨小易说:"我的改变要归功于那个裁员预言。当时,我意识到自己已经陷入了困境,我特别害怕,于是下决心改变。正是那个危机,让我成就了今天的自己。"

　　古人说:"生于忧患,死于安乐。"现代人也有一句话:"今天工作不努力,明天努力找工作。"所以,今天的安逸只会换来失败的未来;今天的进取,换来明天的辉煌。

　　心理学家指出,是"安逸"阻碍了人们潜能的发挥。人本身存在很多缺点,安逸的生活让这些缺点肆无忌惮地表现出来。当我们不愁衣食,就不会去奋斗,进而滋生懒惰;当我们没有生活的压力,就不会去思考,脑力就会变得迟钝……综观胡润富豪榜中的富豪名单,几乎没有"富二代",他们全都是从贫苦阶段一点一滴奋斗起来的。

　　据调查,在世界500强企业名录中,每过10年,就会有13个及以上的企业从这个名录中消失,或落魄或破产,在总结这些企业衰落的原因时,人们发现,春风得意之时正是这些企业衰落的开始,因为正是在这个时候,他们忽视了危机的存在,忘记了产品开发以及经营管理的超前性。

我们看到,在世界500强中长期站住脚的企业,则对危机意识有着深刻的认识。他们即使在企业发展很顺利的时候,依然保持着一定的危机意识。

在德国奔驰公司董事长埃沙德·路透的办公室里挂着一幅巨大的恐龙照片,照片下面写着这样一句警语:"在地球上消失了的,不会适应变化的庞然大物比比皆是。"

英特尔公司原总裁兼首席执行官安德鲁·葛洛夫有句名言叫"惧者生存"。这位世界信息产业巨子将其在位时取得的辉煌业绩归结于"惧者生存"四个字,足见安德鲁的忧患意识。

通用电气公司前任董事长兼首席执行官韦尔奇说:"我们的公司是个了不起的组织,但是如果在未来不能适应时代的变化就将走向死亡。如果你想知道什么时候达到最佳模式,回答是永远不会。"也正是因为洞察到变革的必要,韦尔奇提出了企业也要居安思危的观点。

百事可乐公司的负责人韦瑟鲁普在公司蒸蒸日上的时候,反而提出了"末日管理"理论,他经常以大量令人信服的信息让员工体会到危机真的会来临,"末日"似乎不远,以此激发员工不断积极向上的斗志,并要求公司的年经济增长率必须保持在15%以上。近几年百事可乐快速追赶并超过可口可乐的业绩充分说明"末日理论"的实用性。

比尔·盖茨同样是个危机感很强的人。当微软利润超过20%的时候,他强调利润可能会下降;当利润达到22%时,他还是说会下降;到了今天的水平,他仍然说会下降。他认为这种危机意识是微软发展的原动力。微软著名的口号是"不论你的产品多棒,你距离失败永远只有18个月",正是这种危机意识的体现。也可能正因为微软的这种高度警惕性,它能随机应变地顺利渡过反垄断案的难关。

　　石家庄一家饮品公司在几年前开业庆典的时候，居然挂了一条横幅，上面书写"今日开业，何时倒闭？开业大愁"的警语，让人看了之后危机意识大增。在开业以后的经营管理中，公司以其高质量的产品和完善的售后服务不断扩大自己的顾客群，名声大振，生意一直做得不错。

　　张瑞敏也曾说过，"我每天的心情都是如履薄冰，如临深渊"。他的这种意识会催促员工对外界环境变化保持清醒头脑。20年来海尔经历了多次经济环境、市场格局的剧变，但每一次它都用行动证明了自己是最适者，是禁得起考验的。

　　就像IBM（国际商业机器公司）前总裁路易斯·郭士纳所说的那样："长期的成功只有在我们时时心怀恐惧时才可能。不要骄傲地回首让我们取得过往成功的战略，而是要明察是什么将导致我们未来的没落。这样我们才能集中精力于未来的挑战，让我们保持虚心地学习及足够的灵活。"

　　安逸让人丧失斗志，没有危机意识是最大的危机。很多人都拥有梦想，然而，在实现梦想的时候，他们总是先为自己想好了退路，好像这个梦想实现不实现都无所谓，反正自己还有退路。拥有这种心态，注定无法取得成功。走出安逸，切断自己的退路，才能逼自己将潜能发挥出来，一鼓作气，最后便能成功。

4. 只有自己才是最靠得住的

有"靠山"的人在生活中屡见不鲜,古今中外皆有,他们都曾倚仗靠山盛极一时,虽然没有真才实学,但却身居高位,要风得风,要雨得雨,趾高气扬,比如明朝大太监魏忠贤的那一大群干儿子、孙子等,但好景不长,最终随着靠山的倒下,他们也是"树倒猢狲散",徒留笑柄。

别人的支持是不可靠的,也是不长久的,如果你不通过自己的实力来站稳脚跟,而是选择了"靠"别人,那是要付出代价的,可能尊严的代价有些人根本不在乎,那命运呢?你的命运会永远掌握在别人的手中,你将永远被别人牵着鼻子走。

比尔·盖茨这样说过:"依赖的习惯,是阻止人们走向成功的绊脚石,要想成就大事,你必须把它们一个个踢开。只有靠自己取得的成功,才是真正的成功。"这是一位成功者的肺腑之言,依赖着实要不得,它是一种习惯和逃避,是一种安慰和懦弱,可以消磨一个人的进取之心和直面困难的勇气,依赖越久,危害便越大。这就好比一个吸食毒品的人,一旦上瘾,很可能将会毁掉自己,并很难再重新站立起来。

所以重新认识自己并认识这个社会吧,当你走进社会,你会发现身边有很多人条件无比优越,他们不用努力就具备了很多东西,比如房子,而你可能工作一辈子也买不起北京郊区的一套房子。很多从农村里来的人更能体会到这一点,很多大学生是农村娃,当他们来到繁华的城市后,周围的一切让他们感到如此的不适应。

一位女大学生说："从山沟里跨进大城市里的大学，我浑身上下冒着土气。没有学过英语，不知道麦当娜是谁，也不知道她妹妹麦当劳；不会说普通话，不敢跟人交流，不敢在公开场合讲一句话，更不敢上台演讲；不懂得烫发能增添女性的妩媚；不会电脑……非常羡慕其他的同学，他们好像都很有钱：有的穿着明星才穿得起的名牌，用着最时尚的手机，拎着最高级的电脑；有的开着车来上学；有的父母都为他买好了房子……"

很多人都经历过这样的痛苦，跟别人一比，我们真是"一无所有"。我们想要的一切都必须得自己挣，我们的父母没有权、没有钱，给不了我们更多的物质上的东西，也没有一个可以依靠的亲戚。

然而外界的帮助只是辅助性的，也只是暂时性的，只有自己才是永远靠得住的。

有一天，某个农夫的一头驴子不小心掉进一口枯井里，农夫绞尽脑汁想办法救出驴子，但几个小时过去了，驴子还在井里痛苦地哀嚎着。最后，这位农夫决定放弃，他想这头驴子年纪大了，不值得大费周折去把它救出来，不过无论如何，这口井还是得填埋起来。

于是农夫便请来左邻右舍帮忙一起将井中的驴子埋了，以免除它的痛苦。农夫的邻居们人手一把铲子，开始将泥土铲进枯井中。

当这头驴子察觉到自己的处境时，叫得很凄惨。但出人意料的是，一会儿驴子就安静下来了。农夫好奇地探头往井底一看，出现在眼前的景象令他大吃一惊：当铲进井里的泥土落在驴子的背部时，驴子的反应令人称奇——它将泥土抖落在一旁，然后站在铲进的泥土堆上面。就这样，驴子将大家铲倒在它身上的泥土全数抖落在井底，然后再站上去。

很快地,这头驴子便上升到井口,然后在众人惊讶的表情中快步跑开了!

没有人能救得了那头驴子,只有当它放弃悲观与消极,明白只能依靠自己来进行自我拯救的时候,命运才有可能在山穷水尽之际,给它绝处逢生的惊喜。作为高等动物的人类,对于自我拯救理论的理解,应该不会逊于动物的求生本能吧?

诚然,人生在世,总要或多或少地依靠来自自身以外的各种帮助,父母的养育、师长的教诲、朋友的关爱、社会的鼓励……可以说,人从呱呱坠地的那一刻起,就已开始接受他人给予的种种帮助。然而,许多年轻人"在家靠父母,出门靠朋友"的"靠",已经远远超出一个人需要的外部帮助的这种正常之"靠",演变成"唯父母和朋友是靠"的依赖心理,把自己立身于社会的希望完全寄托在父母和朋友的身上。

信奉"在家靠父母"的人,往往是那些生活上不能自理而饭来张口、衣来伸手,或者事业上不能自立而离不开父母权力、地位和金钱支撑的年轻人。这样的年轻人,显然不可能在生活上自立自强、在事业上有所作为。

我国著名教育家陶行知编的《自立歌》这样说道:"滴自己的汗,吃自己的饭。自己的事,自己干。靠人靠天靠祖上,不算是好汉。"不要总是依赖别人,把一切希望都寄托在别人身上,而要依靠自己解决问题,因为每个人都有许多事要做,别人只可能帮一时却帮不了一世。

如果你想摆脱危机并有所成就,请记住这句忠告:最能依靠的人是你自己。

在这个世界上,聪明的人并不少,而成功的人,却不多。很多聪明人之所以不能成功,就是因为他在已经具备了不少可以帮助他走向成功的条件时,还在期待能有更多一点成功的捷径;而能成功的人,首先就在于，他从不苛求条件，而是自己为自己创造条件，就算他只剩下一只眼睛可以眨。

在一次聚会上，几个老同学在闲聊。一位事业上颇有成就的朋友，闲聊中谈起了命运。其中一个同学问："这个世界到底有没有命运？"事业有成的那位说："当然有啊。"同学再问："命运究竟是怎么回事？既然命中注定，那奋斗又有什么用？"他没有直接回答同学的问题，但笑着抓起同学的左手，说要先看看他的手相，帮他算算命，然后讲了一些生命线、爱情线、事业线等诸如此类的话，之后，他突然对那位同学说："把手伸好，照我的样子做一个动作。"他的动作就是：举起左手，慢慢地且越来越紧地握起拳头。末了，他问："握紧了没有？"同学有些迷惑，答道："握紧啦。"他又问："那些命运线在哪里？"同学机械地回答："在我的手里呀。"他再追问："请问，命运在哪里？"

那位同学如当头棒喝，恍然大悟：命运在自己的手里！这位朋友很平静地继续道："不管别人怎么跟你说，不管'算命先生们'如何给你算，记住，命运在自己的手里，而不是在别人的嘴里！这就是命运。"

当然，你再看看你自己的拳头，你还会发现你的生命线有一部分还留在外面，没有被握住，它又能给我们什么启示？命运绝大部分掌握在自己手里，但还有一部分掌握在"上天"手里。古往今来，凡成大业者，"奋斗"的意义就在于用其一生的努力去争取。但是如果你不靠自己去争取，你连这一点的机会都是没有的。

不管什么时候，牢记这句话："只有自己才是最靠得住的。"

5. 此岸现实,彼岸理想,行动是架在河上的桥梁

有句话说:现实是此岸,理想是彼岸,中间隔着湍急的河流,行动则是架在河上的桥梁。的确,理想固然美好,可是它不是现实,想要把自己的想法变成实实在在的现实,我们只能踏上行动的桥梁,否则隔岸而看,理想永远摸不到。"行动"看起来只有两个字,可是要做起来却很难,因为在人们的思想里普遍存在着惰性,每个人都心存侥幸,幻想即使自己不行动,事情也会往好的方向发展,然而事实并非如此。

的确只有行动才能改变现实,只有行动才能实现梦想,即使你只是一个行动很慢的人,只要你做了、行动了,日积月累,你的成绩也会是卓越的。

钟表店里,一只新组装好的小钟被放在了两只旧钟当中。看着两只旧钟安静地"嘀嗒嘀嗒"一分一秒地走着,小钟不知如何是好。

其中一只旧钟对新来的小钟说:"来吧,你也该工作了。可是我有点担心,你走完3200万次以后,恐怕会吃不消了。"

"天哪!3200万次。"小钟一听这个数字,吃惊不已。"要我做这么大的事?办不到,办不到啊。"

另一只旧钟说:"别听他胡说八道。不用害怕,你只管每秒嘀嗒摆一下就行了,什么都会做到的。"

"天下哪有这样简单的事情。"小钟将信将疑,"如果这样,我就试试吧。"

于是，小钟很轻松地每秒钟"嘀嗒"摆一下，不知不觉中，一年过去了，它已经摆了3200万次。

从这个小故事中或许很多人都已经明白了，成功其实并不难，有了理想，有了想法，去做就行了，千万别放弃努力。不要觉得成功远在天边遥不可及，更不要怀疑自己的能力。只要做了，我们总能改变一些现实，实现一些想法，然后离成功更近些。

大学毕业后，马云当了6年的英语老师。期间他产生过办个翻译社的想法，于是他就办了。不过他只是用业余时间接了一些外贸单位的翻译工作，几年忙下来没挣到什么钱，可是闯出了一点名气。1995年，马云受浙江省交通厅委托到美国催讨一笔债务。

这趟美国之旅，马云虽然没能完成任务，却发现了一个"宝库"。在美国，马云第一次上了互联网，之后他在网上为自己的翻译社做广告，上午10点他把广告发送上网，中午12点前他就收到了6个回复，这让马云看到了契机，他当时就意识到互联网是一座金矿。

讨债失败后，马云回到了杭州。他想把中国企业的资料集中起来，快递到美国，找专业的设计者做个好一点的网页向全世界发布，然后向企业收取费用来获得利润。有了这个想法，马云找了一个同伴，又加上他的妻子，一共三人，他们用2万元启动资金租了间房，就开始了创业。这就是马云创办的第一家互联网公司——海博网络。该公司的产品是"中国黄页"。在当时的中国，知道"中国黄页"的人不多，但是在早期的海外留学生当中，很多人都知道"中国黄页"，只不过他们没有做出任何行动，只有马云采取了行动。

凭着自己不错的口才，在之后很长的一段时间里，马云经常在杭州街头的大排档里向人们推销自己的"伟大"计划。

那时候的中国，很多人还不知道互联网到底是什么东西，他们认为马云一定是个骗子。但是，马云并没有因为大家的不理解而束缚自己的手脚，1995年马云把广告做到了中央电视台。当时有个编导见到马云后跟记者说：这个人不像好人，是不是个骗子呀！不过马云并没有因此而受到打击，相反他仍然像"疯子"一样不屈不挠地坚持做自己认为对的事情，他天天都在提醒自己："互联网是影响人类未来生活30年的3000米长跑，你必须跑得像兔子一样快，又要像乌龟一样耐跑。"

1996年，马云的网络公司不可思议地赚到了700万元！也就在同一年，互联网渐渐普及，外经贸部同时也注意到了马云的公司。1997年，马云被邀请到北京，参与开发外经贸部的官方站点，之后马云的创业思路渐渐成熟：用电子商务为中小企业服务。这一次马云说干就干，回到杭州后不久马云就创办了"阿里巴巴"网站。

当初离开北京时马云对同伴们说："我要回杭州创办一家自己的公司，从零开始。愿意同去的，每月只有500元工资；愿意留在北京的，可以介绍去收入很高的雅虎和新浪。"经过3天的考虑，部分人同意和马云同行，他们决定："我们回杭州去，一起去！"

几个月后，阿里巴巴网站开始在商业圈中声名鹊起。马云继续乐此不疲地挥舞着他的双手，到世界各地演讲："B2B模式最终将改变全球几千万商人的生意方式，从而改变全球几十亿人的生活！"

之后，正如马云"疯子"一样的行动速度，阿里巴巴也得到了飞一样的发展，马云的财富也随着时间的流逝像滚雪球一样越滚越大，马云成功了，他成功地成为了人们眼中闪亮的明星。

试想如果在最初见识到网络时，马云也像当时的其他留学生一样对网络的作用视而不见，或是明明知道网络的前景却没有付出实际行动去开发网络资源的话，那么现在大家可能都还不知道马云究竟是谁。

或许我们没有马云的机遇和天赋，但是只要我们努力，那么我们就能有所收获。要知道时间不等人，机会错过就不再来，只有行动起来才能更快地接近成功，哪怕只是像个钟表一样"嘀嗒"，我们也有转3200万次的时候。

让·保·里克特曾经说过："只有行动才能给生活增添力量。"不能否认，善于积极主动抓住机会的人，就会让自己的生活过得丰富多彩，更容易取得成功。积极主动不仅仅是一种心态，还是一种可以将你推向成功的动力。

机会，寻可得，坐可失。我们要想得到它，必须积极地寻找、敏锐地识别、果断地抓住、准确地利用，而决不能只把希望寄托在那些偶然事件上，抱着守株待兔的侥幸心理消极地等待机会。

6. 假如今天是生命中的最后一天

把自己推向绝路并不代表必死无疑，而是不给自己留下退路，就没有了多余的顾虑，必将勇敢前行。人在面临危险、绝望之际，往往会爆发一股无穷大的威力，因此会取得出人意料的成功。

爱惜生命、物品和金钱是人类的天性，但如果面临危险或困难时，还受这种想法的局限，那就会惨遭失败。"置之死地而后生，投之亡地而后存"，有时只有破釜沉舟，才能柳暗花明。

有一位作家说过：世界上最可怜又最可恨的人，莫过于那些总是瞻前顾后、不知取舍的人，莫过于那些不敢承担风险、彷徨犹豫的人，莫过于那些无法忍受压力、优柔寡断的人,莫过于那些容易受他人影响、没有自己主见的人,莫过于那些拈轻怕重、不思进取的人,莫过于那些从未感受到自身内在力量的人,他们总是背信弃义、左右摇摆,自己毁掉了自己的名声,最终一事无成。

一天,有一个恋爱中的年轻人很想到他的恋人家中去,找他的恋人出来一起玩一个下午。但是,他又犹豫不决,不知道他究竟应不应该去,恐怕去了之后显得太冒昧,或者他的恋人太忙,拒绝他的邀请。于是他左右为难了老半天,最后他勉强下定决心去恋人家。

但是,当车一开进他恋人住的巷子时,他就开始后悔起来,既怕这次来了不受欢迎,又怕被恋人拒绝,他甚至希望司机把他现在就拉回去。

车子终于停在他恋人家的门前了,他虽然后悔来,但既来了,只得伸手去按门铃。现在他好希望来开门的人告诉他说:"小姐不在家。"他按了第一下门铃,等了3分钟,没有人答应。他勉强自己再按第二下,又等了2分钟,仍然没有人答应。于是他如释重负地想:"全家都出去了。"

于是他带着一半轻松一半失望回去了,心里想:这样也好。但事实上,他很难过,因为这一个下午没法安排了。

你能猜到他的恋人当时在哪里吗?他的恋人就在家里,她从早晨就盼望这位先生会突然来找她,带她出去消磨一个下午。她不知道他曾经来过,因为她家的电铃坏了。那位先生如果不是那么瞻前顾后,如果他像别人有事来访一样,按电铃没人应声,就用手拍门试试看的话,他们就会有一个快乐的下午了。但是他并没有下定决心,所以他只好徒劳而返,让他的恋人失望。

　　瞻前顾后的行动习惯使人丧失许多机会。很多时候,很多事情,如果能横下一条心去做,事情的结果就会大不相同。

　　有个人听说某公司招聘一个职员,这公司的待遇优厚,远景也好,他很想去试试。但是他怕自己能力不够,又怕万一考不进丢脸。于是他犹豫着,没有下决心。直到最后,他发现另外一个比他条件差得远的人居然考取了,他才后悔自己为什么不去试一试。

　　许多事是应该用勇气和决心去争取的。有一位公司经理,他有着不允许别人有机会扰乱他意志的优点。当别人还在他旁边啰啰唆唆地叙述事情的困难的时候,他已经把他的办法拿出来了,干净利落,绝不拖泥带水。

　　他那种明快果决的本领,十分令人折服。而我们一般人,却常常做不到这样。当我们遇到问题的时候,通常并不是对问题本身不能理解,而是我们往往被枝节的问题所困扰。因为我们太容易被周围人的闲言碎语所动摇,太容易瞻前顾后、患得患失,以至于给外来的力量一种可以左右我们的机会。谁都可以在我们摇晃不定的天平上放下一颗砝码,随时都有人可以使我们变卦,结果弄得别人都是对的,自己却没有主意。

　　犹豫不决是成功途中的一个大障碍,要想扫除这种障碍,首先得训练自己对真理的判断能力。但最重要的还是要训练自己在判断之后,坚定、勇敢、自信地去把这个判断付诸行动。坚决朝向自己的目标走着的人,别人一定会为他让路;踟蹰不前、走走停停的人,别人一定抢到他前面去。

　　其次,做事时要有"今天是我们生命中的最后一天"的"荒诞"意识。"假如今天是我生命中的最后一天",这是美国畅销书《世界上最伟大的推销员》的作者奥格·曼狄诺警示人生的一句话。真的,无论是谁,无论想干一件什么事,如果优柔寡断的话,就会一事无成。而这种意识,恰恰是一把利刃,可立即斩断你的忧思愁缕;也像一口警钟,督促你当机立断,刻不容缓。

最后,你还要甩下包袱不顾一切,要有一种豁出去的心态。"大不了就是做错了""大不了就是被人笑话",而这些又能对你怎样呢?一旦你有了这样一种意识,肯定就会敢作敢当,优柔寡断的现象会在你身上消失得无影无踪。

不要小看了优柔寡断的习惯给我们带来的副作用,许多足以改变命运的契机,都因为我们的优柔寡断而与我们失之交臂。所以我们一定要提醒自己做得多一点,想得少一点。

第 五 章

那些年，
我与坏情绪的"壁咚"

1. 握手坏情绪：它不是怪兽

在心情不佳时，首先要识别自己到底是受到哪一种消极情绪的困扰。很多人会莫名其妙地感觉到情绪波动，但却没有搞清是哪种情绪在影响着自己，这种情况下调节情绪就无从谈起。国外有通过测量脑电波来识别是积极的还是消极的情绪的方法，但个人是没有条件的，只能依靠自我识别。到底是郁闷、焦虑，还是无聊、孤独，需要先搞清楚，最好明明白白地写在一张纸上。识别清楚了情绪，你才会感到释然。

忧虑、紧张——流行指数：5星

（1）情绪分析

忧虑、紧张都是一种对即将发生的事件的焦虑，害怕会有不好的结果出现的一种心理状态。经常感到忧虑、担心的人，大多比较追求完美，不能忍受失败以及未来不确定的事件。

（2）调节建议

①弄清忧虑对象。首先要知道你忧虑的是什么，是否你的担心可以让结果有所不同。还有，这个忧虑值不值得你去担心。每天用30分钟时间，写下你所担心的事由，一项项地写下来，然后放在一边，去做其他的事情。

②放慢生活节奏。静下心来，放慢工作的脚步，投身到日常真切的生活中去，深入到自己的内心世界中去，总结每一天的收获和体验，寻求安逸平静的内心感受。当新的情况和未知的变化来临时，你就能从容应对了。

③只在乎此时此地。学会把所有的精力都集中在此时此地,把自己的视觉、听觉、嗅觉、触觉、味觉等感觉都放到此时此地的事物上,全身心地体验此时此刻的生活现实。很多人感觉工作很累,其实可能是心思不仅在工作,还在同时挂念着家庭、婚恋、人际关系等种种问题。其实,如果我们只是全身心地做事,并不会感觉那么累。

④掌握放松技巧。学会一些放松的技巧,听一些舒缓的音乐。轻快、舒畅的音乐不仅能给人美的熏陶和享受,而且还能使人的精神得到有效放松。

空虚、无聊——流行指数:5星

(1) 情绪分析

空虚是指百无聊赖、闲散寂寞的消极心态,是不思追求、无所事事造成的。可以说,是失却了人生的奋斗目标,感到生活无聊、心灵空乏虚无等。空虚通常发生在这样两种情景之中:一种是物质条件优越,无须为生活烦恼和忙碌,习惯并满足于享受,看不到也不愿看到人生的真实意义,没有也不想有积极的生活目的。另一种是心比天高,对人们通常向往的目标不屑于追求,而自己向往的目标又无法达到而难以追求,结果是无所追求,心灵虚无空荡,精神无从着落。

(2) 调节建议

①不要做让自己感觉更空虚的事。长时间的上网、看电视会让空虚、无聊感更加明显,所以,要有意地控制自己不采取这些消遣方式。

②思想上要做改变。人生不一定非要辉煌,才算过得充实。平平凡凡、实实在在地做些事,也照样过得快乐。

③设定可以达到的目标。及时调整生活目标,调动自己的潜力,可以想一些容易实现的愿望,让自己有所期盼。由于这些目标相对较为容易实现,达到目标后自己就会感觉到充实些。

④找点切实的事情去做。不要考虑得太多、"太长远",想一想,

自己今天能切实做点什么事情？比如，可做一些简单的家务，阅览一些有益的书籍，外出散散步，做些户外的体育运动；还可到郊外走走、或是去闹市逛逛。这些"小事"可让自己的生活充实起来。

⑤帮助他人。试着用心去关怀自己的亲人、朋友，力所能及地帮他们做一些事，在体会助人的快乐以及自我价值感的同时，空虚无聊的感觉也会慢慢远离你。

⑥改变对生活的看法。面对空虚，还要培养对生活的热情。我们常说，生活是美好的，就看你以怎样的态度去对待它。一样的蓝天白云，一样的高山大海，只要你愿意，就可以从中感受到大自然的美丽。

发怒——流行指数：5星

（1）情绪分析

发怒人人都会，但暴躁易怒，则是不良的性格和气质特征。如果长久压抑、控制怒气，可能会对健康不利。但是，经常发脾气会影响人际关系，影响别人对自己的看法，也可能会伤害身边的人。比如，在家发脾气，有时会伤害到家人，引起家庭矛盾，当然如果家人能理解你的"脾气"，则没有什么问题。而如果是在外面发脾气，很可能带来一些不必要的纠缠。

（2）调节建议

①发怒的时候不要讲话。如果在发怒的时候讲话，很可能会导致形势急转直下，导致双方的对立。发怒的时候说话，你会发现对方也会用同样发怒的语气回应你，形成恶性循环。如果在外表上能保持平静，会留给我们时间让怒气消除一些。有人说："发怒时，数到10再说话；如果是大怒，要数到100。"

②用冷静的思考平息怒气。当你感到怒气很大时，不妨退一步，冷静地想想一句话："这样发火对我来说不会在任何方面有所帮助，只能让整个问题变得更复杂。"即使我们内心还是存在一部分怒气，但

这样的思考可帮助我们控制一下愤怒的情绪。

③平静比发怒更值得珍惜。如果你认为平静的心情比发怒的情绪更为宝贵,就不会希望让怒气代替平静的心情,甚至占据我们的生活。可能你对别人发火是有理由的,但应该知道,对他们发火还有代价,就是让你失去平静的心情。你可以暂时离开那个让你发怒的环境和人,独处、或者去做另外一件不相干的事,也可以去喝杯咖啡或听听音乐。

④向朋友倾诉。可以找信赖的朋友或亲人,尽情地倾诉自己的不满和委屈,求得对方的支持和安慰;或是和朋友一起唱唱歌、乐一乐,把"气"放出来;也可痛哭一场。

⑤提高表达能力。学会有效地表达自己,从某种角度讲,发怒是因为我们不知道怎样表达自己的意见和想法。

孤独——流行指数:4星

(1) 情绪分析

孤独产生的原因多而复杂,比如事业上的挫折,缺乏与异性的交往,失去父母的挚爱,夫妻感情不和,周围没有朋友等。孤独的产生,也与人的性格有关。社会文明程度增加了人与人之间的心理距离。初到一个全新的、陌生的环境,过低或过高的自我评价均会引起孤独的感觉。其实,很多情况下,孤独说明你希望和人交往、沟通。

(2) 调节建议

①孤独是人生的一个部分。在漫长的人生旅程中,总会有无人相伴的时光,任何生命都会体验到孤独。感到孤独时首先要用坦然、平静的心态接受它,然后试着用自己的方式来享受它,可以找一些事情做,看看书、发发呆、整理思绪,倾听一下自己内心的声音。

②学会和人交往。交往中,不要总希望别人和自己一样,不必强求一致。要学会适应对方,而不要希望去改变对方。还要和不同的人打交道。不要事先脑子里就有"这个人好"或"这个人坏"的想法,相信好

人是大多数的，允许人与人之间存在差异。如果不敢或不想和人打交道，就偏要与人打交道。还要学会锻炼自己，多参加一些集体活动。只有在活动中，在与人打交道的过程中，才能改变自己，坐在家里空想是不行的。事实上，应经常抽出一点时间主动接触别人，真诚地接受周围的朋友，逐渐改变自己封闭的生活方式。平时有意识地参加一些群体活动，加强自己的参与感，这会令你发现许多有趣的事和人，使你不知不觉地与他人融为一体。

③享受大自然。生活中有许多活动是充满了乐趣的。只要你能够充分领略它们的美妙之处，就会消除孤独。但如遇到挫折，心情不好，又不愿与别人倾诉而感到孤独时，到江边或空旷的田野，让大自然的清风尽情吹拂，心情就会逐渐开朗起来。

④再当一次学生。就把自己当成一个小学生，学一门外语、参加美术学习，等等。总之，可以做一些自己感兴趣的事情，在此过程中又能接触很多人。

失望——流行指数：3星

（1）情绪分析

失望常常是源自于对人和事期望的落空，还可能是因为不接受自己。生活中每个时期都有特定的内容，也会有不同程度的失望。随着年岁的增长，由于我们对现实认识的丰富，以及时间和机遇等因素的限制，失望情绪就像普通的感冒一样，总是不可避免。

（2）调节建议

①承认自己失望。首先要承认失望情绪，不要掩饰它。然后，如果你愿意的话，可以让自己难过一段时间。接着，可以对所受的损失作一定分析，这样会让自己领悟到：我们所期望的每一件事情都并非绝对不可缺少。

②调整自己的期望。期望越高，失望越是沉重，我们应该追求同

自己的能力相当的目标。有时候,目标虽然同自己的能力大小相符合,但由于客观条件的限制,也会导致失望情绪,这时更应注意调整内心的期待值,使之与现实相符,这样有助于减少失望情绪。

③原来的想法并非不能放弃。遇到难遂人愿的情况,我们应有放弃原来想法的思想准备,转而去追求新的目标。当然,这不等于"见异思迁"。比如你去剧场听音乐会,你原本以为自己喜爱的歌唱家会参加演出,不料他因病不能演出,你当时会感到失望。如果你这时将期望的目光投向其他歌唱家,并努力去欣赏时,你就会抛弃失望的情绪,逐渐沉浸在艺术美的境地中,内心充满着欢悦。

④从失望的事中取得收获。令人失望的事也可以成为一次有积极作用的经历,因为它用事实给我们上了一课,使我们清醒过来,正视生活的现实。它提醒我们重新考察自己的愿望,以便使之更加切合实际。事实上,如果回忆一些自己曾遇到的令人失望的事情,并用现在的观点来重新估量当时的损失,大多数人都会感到自己已经摆脱了过去的失意,而且又有了值得欣慰的收获。

伤心、悲伤——流行指数:3星

(1) 情绪分析

由于遭受到不如意或不幸的事而内心感觉到痛苦、不如意。如与亲友离别,或自己生活中遭遇挫折、变故等。

(2) 调节建议

①与亲友分享感受。找一位信得过的亲友,尤其是能够倾听你说话,但又不会审视或改变你的人,然后告诉他你的感受。有人陪伴这样一件简单的事情,也会让你好受很多。如果找不到合适的人分享,也可以将自己的感受写在日记里。

②留一段时间给自己。接受自己伤心的现实,知道出现这种情绪不是错。主动做一点工作或其他有意义的事情,同时留时间给自己去

接受伤心的事实，觉得悲伤就悲伤，不要勉强自己。学会成为自己最好的朋友，用同情和爱意看待、关怀自己。

③不要过多联想。伤心的时候要想想到底什么事情令自己伤心，不用总是因为此时的不快就联想到过去的种种不易，这样的话，情绪就很难控制了。要知道问题总会有解决的方法，相信自己有解决问题的能力。而且任何事物都有两面性，让我们伤心、悲痛的事同时也会促进我们心灵的成长。

④善待自己。生活还要像平常一样保持规律性，保持自己身体的健康，锻炼、好的饮食、休息，一样都不能少。还可做一些让自己开心的事，比如说买些新衣服给自己，找时间去旅游一下，去吃些平时不舍得的东西，改变一下自己的发型，让自己焕然一新等。

⑤不要封闭自己。生活中痛苦总是难以避免的，在悲伤的时候，不要怨天尤人，也不要封闭自己。比如，当手机的铃声响起时，你知道有人在关心你，当有人对你微笑的时候，你知道自己是被人接纳和欣赏的……当你感受到这些的时候，痛苦和悲伤也会减轻很多。

懊悔、自责——流行指数：3星

（1）情绪分析

懊悔、自责就是指事情过后遗憾自己做错了事或说错了话，心里自恨不该这样的一种消极情绪。经常自责懊悔的人是相当痛苦的，它意味着时常要和自己做斗争，不断地自我批驳。当他处于这种内心冲突中时，除了要耗费很多精力去想，更会因为害怕再犯错而缩手缩脚不敢去行动。严重的还会引起自卑、自贬的情绪。

（2）调节建议

①懊悔不解决问题。首先要知道一味地懊悔、自责根本解决不了什么实质的问题，只会加重自己的心理负担，与其这样，不如把时间和精力放在如何补救上，尽量将影响减至最小。其次自己分析总结一

下，自己的言行是否的确有不当之处，并直接引起不良的后果。如果有的话，可以把它作为教训，避免以后类似的事情发生。

②重新找回自信。每个人都不能预料事情的结果，没有人不犯错，即使眼前的事情令你有些遗憾，但还是要看到自己身上所具备的优点和长处，找回信心。

③把目光转向未来。要为将来打算打算，写下自己一天、一周和一年内想做的事情，包括日常的家务，如清理房间、给宠物洗澡、游玩、看电影等活动，当然，还有自己的工作和生活目标等。然后，把自己的心思转移到需要去完成的这些事上来。

委屈、冤枉——流行指数：2星

（1）情绪分析

委屈、冤枉是指受到不应该有的或者不公正的指责或待遇，感到自尊心受到了伤害，不被人理解，并为此心里难过、不舒畅。不喜欢的事情，但是必须要去做时，我们会感到委屈；自己被人欺负，却无力反抗时，我们也会感到委屈。

（2）调节建议

①表达自己的委屈。向自己可以信赖的亲友发泄这种不快的情绪，寻求支持和安慰，如果实在是觉得不便诉说的，也可以通过其他方式去表达，比如找个安静的地方，大哭一场；去KTV，大声唱出内心的感受；到一个空旷的地方，大声喊几声；做自己喜欢的运动，出一身汗等。

②原谅别人，优待自己。生命中有很多事，我们无力改变，不是所有的付出都能得到回报。要懂得宽容，因为立场不同、所处环境不同的人，对同样的事情会有完全不同的看法和态度。但是宽待别人的同时不要忘记善待自己。

③调整表达意见的方法。及时调整心态，静静地想一想该怎么扭

转局面？比如在职场中，可以选择在合适的时间和场合去表达自己，不要见人就抱怨，不要不分场合地去和领导同事争执。要对事不对人，抱着解决问题的态度，同时要对别人表示必要的理解。最好还能提出相应的建设性意见，来弱化对方可能产生的不愉快。

自卑——流行指数：2星

（1）情绪分析

自卑是指自我评价偏低，自愧无能而丧失自信，并伴有自怨自艾、悲观失望等情绪体验。自卑来源于心理上一种消极的自我暗示，即"我不行"。长期被自卑情绪笼罩的人，一方面感到自己处处不如人，另一方面又害怕别人瞧不起自己，逐渐形成了敏感多疑、多愁善感、胆小孤僻等不良的个性特征。

（2）调节建议

①列出自己的优点。多想想自己的优点，可以用笔把它们一项项记下来。还要正视自己的缺点和不足，要知道每个人都是不完美的。慢慢学会接纳自己、欣赏自己，多给自己一些鼓励，相信自己有足够的能力。

②不拿短处和人比。客观全面地看待事物、看待他人，任何事物都有积极的一面和消极的一面，不要总拿自己的短处与别人的优点去比较。

③踏踏实实做点事。踏踏实实地去做自己有能力并且喜欢做的事，不断体验到成功的喜悦，会让你越来越自信，从而逐渐远离自卑。

2. 测试坏情绪，不要躲着它

（1）看到自己最近一次拍的照片，你有何想法？

A.觉得不称心

B.觉得很好

C.觉得可以

（2）你是否想到若干年后会有什么使自己极为不安的事？

A.经常想到

B.从来没有想过

C.偶尔想到过

（3）你是否被朋友、同事或同学起过绰号、挖苦过？

A.常有的事

B.从来没有

C.偶尔有过

（4）上床以后，你是否经常再起来一次，看看门窗、厕所的灯关好没有？

A.经常如此

B.从不如此

C.偶尔如此

（5）你对与你关系最密切的人是否满意？

A.不满意

B.非常满意

C.基本满意

(6) 半夜的时候，你是否经常觉得有害怕的事？

A.经常

B.从来没有

C.偶尔有这种情况

(7) 你是否经常因梦见什么可怕的事而惊醒？

A.经常

B.没有

C.偶尔

(8) 你是否曾经有多次做同一个梦的情况？

A.有

B.没有

C.记不清

(9) 有没有一种食物使你吃后呕吐？

A.有

B.没有

C.记不清

(10) 除去看见的世界外，你心里有没有另外的世界？

A.有

B.没有

C.记不清

(11) 你是否时常觉得不是现在的父母所生？

A.时常

B.没有

C.偶尔有

(12) 你是否觉得有人爱你或尊重你？

A.是

B.否

C.不清楚

（13）你是否常常觉得你的家庭对你不好，但是你其实清楚他们的确对你很好？

A.是

B.否

C.偶尔

（14）你是否觉得了解你的人不足80%？

A.是

B.否

C.不清楚

（15）你在早晨起来的时候最经常的感觉是什么？

A.忧郁

B.快乐

C.不清楚

（16）每到秋天，你的感觉是什么？

A.秋雨霏霏或枯叶遍地

B.秋高气爽或艳阳天

C.不清楚

（17）你在高处的时候，是否觉得站不稳？

A.是

B.否

C.有时是这样

（18）你平时是否觉得自己很强健？

A.是

B.否

C.不清楚

(19) 你是否一回家就立刻把房门关上？

A.是

B.否

C.不清楚

(20) 坐在小房间里把门关上后，你是否觉得心里不安？

A.是

B.否

C.偶尔是

(21) 当一件事需要你做决定时，你是否觉得很困难？

A.是

B.否

C.偶尔是

(22) 你是否常常用抛硬币、翻纸牌、抽签之类的游戏来测吉凶？

A.是

B.否

C.偶尔是

(23) 你是否常常因为碰到东西而跌倒？

A.是

B.否

C.偶尔是

(24) 你是否需要一个多小时才能入睡，或醒得比你希望的早一个
小时？

A.经常这样

B.从不这样

C.偶尔这样

(25)你是否曾看到、听到或感觉到别人觉察不到的东西?

A.经常这样

B.从不这样

C.偶尔这样

(26)你是否觉得自己有超乎常人的能力?

A.是

B.否

C.不清楚

(27)你是否曾经觉得因有人跟着你走而心里不安?

A.是

B.否

C.不清楚

(28)你是否觉得有人在注意你的言行?

A.是

B.否

C.不清楚

(29)一个人走夜路时,是否觉得前面暗藏着危险?

A.是

B.否

C.偶尔

(30)你对别人自杀有什么想法?

A.可以理解

B.不可思议

C.不清楚

以上各题的答案,选A得2分,选B得0分,选C得1分。把你的得分加起来,算出总分。总分越少,说明你的情绪越稳定,反之越差。

结果分析：

总分0~20分：你的情绪稳定、自信心强，能面对现实，具有较强的道德感、美感和理智感，有较强的情绪自控能力。社会适应能力较好，能理解周围人的心情。你一定是个性情爽朗、受人欢迎的人。

总分21~40分：你的情绪基本稳定。能沉着应对生活中出现的一般问题，但因为对事情的考虑过于冷静、淡漠和消极，所以常常不善于发挥自己的个性，使自信心受到压抑，办事热情忽高忽低，易瞻前顾后、踌躇不前。

总分41分以上：你的情绪极不稳定。不容易应付生活中的挫折、容易冲动，感到日常烦恼多，使自己的心情处于紧张和矛盾之中。

如果你的得分在50分以上，则是一种危险信号，你最好去做心理咨询或去看心理医生。

3. 为了不烦，我们还得"耐烦"一些

"烦"，本不是什么不能治愈的情绪。不开心的烦恼对每个人而言，早已是司空见惯的事情。但是"旧烦"与"新烦"之间，还是大不相同。

过去人们"烦"的时候是找知心朋友诉诉苦、解解闷，今天"烦"的人们不仅仅"烦"，而且不"耐烦"，在不开心、不舒服的同时，他们不安心、不静心；他们不只是烦恼、烦闷，而且烦躁。对他们而言，与其说"烦"是一种有待完全摆脱的消极情绪，不如说"烦"是一种有几分无奈也有几分得意的生存状态和生活方式。

一些人的"烦"是一种现代文明病，是抒情的思想、浪漫的梦幻和温和的心境被无情的、变化的现实打碎之后，而产生的一种愤世嫉俗、走投无路的情绪状态。这种人无法控制自我，心绪不宁，因而难以成事。

无论做什么事，心烦意乱之下都是难以有所作为的。

为了不烦，我们还得"耐烦"一些，静下心来，正确地认识自己，先把你的"烦"消化掉大半，然后以一种"耐烦"的方式开口抱怨。

（1）学会完全主宰自己

控制自己的情绪，要经过一个崭新的思考过程。这个思考过程很难，因为在我们生活中有许多力量试图破坏个人的特性，使我们从孩童时候一直到成人都相信自己有无法克服的情绪。无法克服这些情绪就只好接受它们。在这里要强调的是：你必须相信自己能够在一生中的任何时刻，都按照自己选定的方法去认识事物，只有这样，你才能做到主宰自己。

（2）善于为自己的情绪寻得适当表现的机会

有的人在激动的时候，会去做些需要体能的活动或运动，这可使因紧张而动员的"能"获得一条出路；有的人在情绪不安的时候会去找要好的朋友谈谈，倾吐心中的抑郁，把话说出来以后，心情也会平静许多；还有的人借观光游览来使自己离开那容易引起激动的环境，避免心理上的纷扰，等到旅游归来，心情不复紧张，同时事过境迁，原有的问题或许也已显得微不足道，不再为之烦心了。

（3）进行独立思考

你的情绪来自思考，那就可以说，你是能够控制情绪的。这样看来，你认为是某些人或事给你带来悲伤、沮丧、愤怒、烦恼和忧虑，这种想法可能是不正确的。你完全可以改变自己的思想，选择自己的感情，新的思考和情绪就可以随之产生。一个健全和自由的人总是不断地学习用不同的方式处理问题，这样才能使你学会主宰自己。

假如你是乐观的人，那么你就能够找到控制自己情绪的方法，而且为值得去做的事而生活着，这样你便是个聪明的人。能够顺利地解决问题，当然能为你的幸福增添光彩。如果你无法解决某个特别的问题时，乐观的你仍充满信心，其实你已将自己的情感稳操在手。能够为自己的选择感到幸福时，你的情绪一定是稳定而真实的。

能掌握自己情感的人是不会垮掉的，因为他们能够主宰自己、控制自己的情绪。他们懂得如何在失意中寻找快乐，懂得如何对待生活中出现的任何问题。在这里没有说"解决"问题，因为聪明人不以解决问题的能力来衡量自己是否聪明，而是不受情绪的影响，理智地对待问题。

（4）学会宣泄压抑和郁闷

或许我们都曾有过下面的经历：经常莫明其妙地紧张、害怕、心慌、发抖、头晕，有时脑子里一片空白，觉得自己活得很累，常常想到死。其实，这就是非常严重的抑郁状态。

那么怎样排解这种焦虑、压抑呢？

①可以向心理医生或自己信任的亲朋好友倾诉内心的痛苦，也可以用写日记、写信的方式宣泄，或选择适当的场合痛哭、呼喊。

②焦虑是人面临应激状态下的一种正常反应，要以平常心对待，顺应自然、接纳自己、接纳现实，在烦恼和痛苦中寻求战胜自我的理念。

③在心理医师的指导下训练，做一些自我放松的训练。

④无论学习还是工作，没有目标就会茫然不知所措。目标确立要适度，根据人生不同的发展阶段确立目标。

⑤回忆或讲述自己最成功的事，可以引起愉快情绪，忘掉不愉快的事，消除紧张、压抑心理。

⑥积极参加文体活动。研究表明，音乐能影响人的情绪、行为和

生理功能,不同节奏的音乐能使人放松,具有镇静、镇痛作用。

⑦多参加集体活动,如郊游、植树、讲座、大学生社团活动等。在集体活动中发挥自己的专长优势,增加人际交往。和谐的人际关系会使人获得更多的心理支持,缓解紧张、焦虑情绪。学会宣泄焦虑、压抑,我们的心理才会变得轻松。

⑧保持幽默感。我们每个人都应活得轻松些,尤其当自己身处逆境时,要学会超脱,所谓"来日方长",要看到生活好的一面,自得轻松。

⑨对人礼貌。如果你对别人施之以礼,别人也会对你以礼相待,也就是说"将心比心",这会有助于缓冲你的精神紧张。有时,一声"谢谢",一个微笑或一次过路礼让,都能使你感到颇受欢迎。记住,别人对待你的态度在一定程度上反映了你的自我形象。

⑩要自信。这里所说的自信不是狂妄自大,也不是自以为是,而要学会自我控制。如果只指望他人把事情办好,或坐等他人把事办好,就可能使你处于被动地位,也可能成为环境的牺牲品。因此,办任何事情,首先要相信自己,依靠自己,不要将希望寄托于他人,否则将坐失良机,产生懊丧心理,加重精神紧张。

⑪当机立断。死守着一个毫无希望的目标,不论对自己,还是对你周围的人,都会增加心理压力。一个聪明人一旦打算完成某项任务时,就应马上做出决断并付诸行动。当他发现已做的决定是错误的,就应立即另谋办法。优柔寡断,会加重精神负担。

⑫学会处世的道理。生活的道路不会总是平坦的,与周围的人建立友谊可以增加来自外界的支持和帮助,从而减轻精神紧张。不要害怕扩大你的社会影响,这样有助于你寻找应付紧急事件的新渠道。

⑬努力改进人际关系。建立良好的人际关系,以帮助你事业成功,减少挫折,这对于保持良好的竞技状态十分重要。我们不需要那种只

会教训人"给我听着,你该怎样做"的朋友,我们生活中所需的是鼓励我们进行创造性思维,以及能够支持我们走向成功之路的朋友。主动虚心听取别人意见,合理安排时间,是改进人际关系的重要方法之一。

⑭宣泄、抒发。经常处于精神紧张状态,可能会吞噬我们健康的机体。我们需要对人诉说自己的感受,哪怕这样做改变不了多少事情。向谁诉说,取决于想要说的内容,必须选择合适的诉说对象。记住,绝对不要将不愉快的事情隐藏在自己的心里。

⑮以仁待人。当别人身处困境时应乐于助人。在这种时刻,他们最需要你去倾听他们的诉说,需要你给予帮助。俗话说,善有善报,当你有朝一日也出现某种危机之时,如果对方是一位真诚的朋友,他也会来帮助你的。

⑯不传闲话。传闲话会招来仇恨和互相猜忌,也容易使你失去朋友。当你向某人传闲话时,他也会猜想你是否也说过他的闲话。生活中有的是问题,够你去忙的,犯不着背个"小广播"的名声去费唇舌,给自己添麻烦。

⑰灵活一些。我们要完成一件工作可能有许多方法,方法不一定是最好的,或者虽然是最好的方法,但不一定行得通。如果你总认为事事都必须按你的想法去做,那么当事情不按你的想法发展时,你就会烦恼生气。其实你的目标只是把事情办成,至于方法,不必拘于某一种。

⑱衣着整洁。衣服穿得整洁与否,象征你是否尊重别人,当然也象征着你是否自尊自重。衣着不仅在显示你是男性还是女性,还能为你的自身价值和重要性提供一种保证。

4. 冷静的三道防火墙

保持冷静,恐怕是我们在情绪管理方面最重要的功课之一。

一天,陆军部部长斯坦顿来到林肯那里,气呼呼地对他说一位少将用侮辱的话指责他偏袒一些人。林肯建议斯坦顿写一封内容尖刻的信回敬那家伙。

"可以狠狠地骂他一顿。"林肯说。

斯坦顿立刻写了一封措辞强烈的信,然后拿给林肯看。

"对了,对了。"林肯高声叫好,"要的就是这个!好好训他一顿,真写绝了,斯坦顿。"

但是当斯坦顿把信叠好装进信封里时,林肯却叫住他,问道:"你干什么?"

"寄出去呀。"斯坦顿有些摸不着头脑了。

"不要胡闹。"林肯大声说,"这封信不能发,快把它扔到炉子里去。凡是生气时写的信,我都是这么处理的。这封信写得好,写的时候你已经解了气,现在感觉好多了吧,那么就请你把它烧掉,再写第二封信吧。"

林肯的做法,是给自己安上个"防火墙"。心理学家认为在情绪激动时,至少有三个重要的关键点可以努力,只要掌握得当,你就能力挽狂澜而冷静下来。

心理学家把这三个关键点称为"冷静的三道防火墙",一起来看看该怎么做吧!

冷静防火墙一："想法灭火"

你会心生不满,是因为你对身处的状况做出了不利于自己的评价。例如:"他迟到那么久,根本就是不在乎我!"要不就是这样想:"他是故意伤害我的感情!"这么一想,当然怒不可遏,心情立刻愤愤不平。

在这个"动念发火"的当下,只要能多一分自我觉察的功力,在心中跟自己做起辩论就可以阻止无谓的发火,比如这样想:"且慢,这个解释真是唯一正确的答案吗?"于是你心中产生其他的想法来做解释:"也许他是不得已才迟到的!""恐怕是我错怪了他!"这么一来就能成功地发挥第一道防火墙的灭火功能,而不至于失去理智。

要建筑坚固有力的"防火墙",你必须拥有良好的自觉能力,以及具备同理心和善意解读世界的能力。

冷静防火墙二："冲动灭火"

万一第一道防火墙被突破,你没来得及拦截住心中负面的情绪,这时就会产生一些冲动的念头:"我就要给你点颜色瞧瞧!""我豁出去了,不让你难受,我誓不罢休!"多年的演讲和与听众互动的经验告诉我,即使再温柔和善的情商高手,也曾有过不理性的冲动念头:"我真想打人!"

在这个蠢蠢欲动的当下,如果灭火得宜,就能避免悲剧的产生。怎么做呢?建议你跟自己的心喊话:"再等一下就好",然后开始进行"数数法",在心里默数:"1,4,7,10,13……"以此活络大脑的理性中枢,而其他的理性想法也就能跟着出现:"这么做并不能真正解决问题",因此悬崖勒马,不致冲动行事。

冷静防火墙三："行动灭火"

万一发现前两道防火墙也失效,你发觉自己开始恶言恶语、动手动脚起来,这时虽然已经开始非理性的行动,但是只要不放弃,你仍然是冷静有望的。例如，一旦意识到自己言行失态，就要考虑到自己的格调（这实在不像我），以及对方所受的身心创伤就能立即停止动作，避免造成更进一步的伤害，这样就能为行动灭火，从而逐渐冷静下来。

抓狂，是需要冲破三道防火墙的，只要你做好情绪的消防检查，了解自己哪一道防火墙仍待加强，多加练习之后，就能及时"灭火"，随心所欲而冷静自在，不用赔上幸福感。

另外，还有一些方法，可以平衡一下心情的酸碱值。

藏心事要顾及体内容量

有人总是将委屈往肚里吞，却毫不清除体内早就过时或是已经不在乎的旧烦恼。有时候新愁一上心头，连旧恨也跟着牵肠挂肚，越是收藏心事，就越是不快乐。

何不学习一下计算机系统清除垃圾档案的功能呢？气头上的烦恼稍稍炒作就可，褪了色之后，就让它们烟消云散吧！找一口心灵的资源回收桶，训练一下善于遗忘的本领，人生没必要让苦闷永远保鲜，只要记得伤心当下的凄美就可，至于心事啊，保存期限过后，就扔了吧！

号召一群分割坏情绪的分母

不爽的时候，就大声说出来！那种感觉，很像奔跑在通往蔚蓝海岸的路上，沿路甩开讨厌的人、事、物，肆意嘶吼、快意狂笑，瞬间就可以让你在情绪的磁场上取得漂亮的反击。

假设坏情绪是一份发臭的奶酪，自己独自吞食，就只会惹得你恶心呕吐，如果找到一群分母，将发臭的奶酪切割成几小块让他们带走，而分母再找各自的分母去切割，发臭的奶酪在指尖就让微风给吹走了，没机会进到肚子里惹得肠胃不适。

给坏情绪找一个出口

给坏情绪找一个出口，一个不妨碍别人的出口，让它赶快溜走，而且走得越远越好。否则越积越多,我们就会慢慢被它压垮,而它一旦占领我们全身,我们就会在不堪重负之下匆忙给它一个出口,这时候的方向往往对准我们的亲人、朋友,抱怨牢骚、发脾气、恶语伤人、没事找事、瞎闹腾,结果是伤了别人也害了自己,一点坏情绪污染了大家的空气。

5. 不断地照镜子

大多数成功者都是能够把情绪控制得收放自如的人。这时,情绪已经不仅仅是一种感情的表达,更是一种重要的生存智慧。如果控制不住自己的情绪,随心所欲,就可能带来毁灭性的灾难。情绪控制得好,则可以帮我们化险为夷,甚至获得意想不到的好处。

很多时候那些让我们生气的理由回头再想想根本不值得,甚至有的时候我们发完脾气却忘了自己为什么不高兴。

发现自己产生负面情绪的时候,不能首先把责任推给别人,而必须学会首先把镜子转向自己。看看自己的心智模式有哪些不妥的地方,一个人就是要不断地照镜子。只有自己不断照镜子,才能更清晰地认知自己,认清自己的优缺长短,更能让自己扬长避短,让自己的潜能发挥得更为出色,更为淋漓尽致。

自我干预是对个体情绪管理最直接而有效的方式。由于情绪是时时波动的,等待外部支持需要一定的周期,而内心的改变则全然操纵于自我。

情绪的自我干预主要表现为以下几种形式:

语言：在情绪波动中给予自己正面的、积极肯定的语言，进行自我激励。同时对给自己进行时间限定，以最短时间与负面情绪告别。

动作：适时抬头，调整站姿和深呼吸对调整和改变情绪是有帮助的。

颜色：多看一些喜欢的颜色和光亮，让情绪得以释放。

环境：多与大自然或是适宜的环境，或是正面积极的朋友们在一起。

在自我情绪管理中，我们还可以通过以下几个方面来调整自己。

（1）我选择

人们都有自信与不自信的两个空间，比如说我们在跟小朋友讲话时是不紧张的，我们选择了自信的空间；而跟身份地位比较高的人讲话，我们就有可能会紧张，这样我们就选择了不自信的空间。同样，我们对同一件事情也有生气和不生气的两个空间。这时就产生了情绪选择的问题，由于情绪的产生是依靠主体的判断标准进行识别，标准是自己掌控的，显然情绪也可以通过此过程进行选择。

由此可见，一个优秀的情绪管理者，必须可以在很短的时间内做出正确的情绪选择。

"我选择"是情绪管理中一个伟大的词汇。既然情绪是依靠自我的标准进行判断，当你可以选择更乐观、更开放的情绪时，我们又何乐而不为呢？

（2）我爱我自己

爱是最伟大的力量，通过自我情绪的选择，我们知道选择不爱自己的空间就是选择了恐惧的空间、进攻性的空间、伤心的空间、愤怒的空间等；而选择爱自己的空间就拥有了信任的空间、理解的空间、尊重的空间、感恩的空间等。

在自我情绪管理中，"爱自己"是最有力的方式。通过"爱自己"的方式来改善自己的情绪，我们给予以下建议：

①不要宣讲领导与同事之间的过节；

②相信每一个人都希望更好；

③对自己或别人的缺点不去强化；

④在生活中不要随便显露你的情绪；

⑤不要逢人便诉说你的困难与遭遇；

⑥不要一有机会就唠叨你的不满；

⑦不要去写自己的伤感日记；

⑧说话不要慌乱，走路要稳；

⑨做事情要有条不紊；

⑩用心做任何事情，因为有人在关注你；

⑪不要用缺乏自信的词句；

⑫不要常常反悔，对已经决定的事不可轻易地推翻；

⑬每天做一件实事；

⑭事情不顺时，深呼吸、重新寻找突破口；

⑮不要刻意地把朋友变成对手；

⑯对别人的过失、小错误不要斤斤计较；

⑰不要有权力的傲慢及知识的偏见；

⑱做不到的事情不要说，说了就要努力做到。

（3）学会面对坏情绪的自己

我们最大的敌人，往往是我们自己，只有学会了帮助自己，才能去感受真正的幸福。

①当有负面情绪（生气、悲伤、郁闷、烦躁）等不舒服的感受时，你要能觉察到，然后告诉自己"哦，这是负面情绪了"。这时候最重要的就是把注意力放在自己的内在，而不是放在那个引起你负面情绪的人或事上。

②先观察一下你自己此刻的肢体动作是什么。把注意力放在自己的身体上面，可以让你不至于完全陷入自己的情绪冲突当中。

③接下来试着去看见你在想什么，也就是去观察自己的思想。如果你能够倾听内在那个喋喋不休的声音，你就是在观察你的思想。这时候请你带着觉知和爱去观照它。它只是一个思想，不代表你，不要与它去认同，不要批判它，只是看着它。

④你此刻有什么情绪？如何观察情绪？有些人连自己生气了都不知道。其实观察情绪最简单的方法就是去观察你的身体，因为情绪其实就是身体对你思想的一个反应，只不过有的时候你还没有觉察到思想，情绪就起来了。感觉你的身体哪里紧绷？胃部是否有不舒服的感觉？心中央是否紧绷或抽痛？身体是否颤抖？这些都是情绪在你身上作用的结果。

⑤观察情绪、观照它，允许它的存在，全然地去经历它，不要抗拒。你会发现，你的全然接纳和全然经历，会让它很快消失，甚至转化为喜悦。

6. 改善心灵的八大心识方法

要成功，更要幸福感。成功人士归纳出改善情绪的八大心识方法，从而更好地管理放荡不羁。

正反转三思

山不转路转，路不转人转，人不转心转。

正反转三思，顾名思义就是正向思考、反向思考及转向思考的总称，它是一种积极改变人们内心想法的有效策略，是应用想识思考改变内心藏识的想法和认知。比如，对愤怒的事物，我们可以重新诠释，改变解读;对委屈的事及不合理的事可以重新将之合理化;对讨厌怨恨的人,改变对他的观点;对价值观、满足度重新定义,重新调整心理预期。

(1) 改变想法策略

应用"正反转三思"策略,即从正面、积极的方面思考,或向相反方向作逆向思考,亦可换位进行转方向思考,即所谓人不转我转,我不转心转。

一位喜欢赌马的人,因为丢掉了比赛用的宝马而内心很痛苦。

我们假使他能够从正面去思考,就会觉得"丢马其实只是意外,没有人能永远拥有这匹马,再伤心烦恼也没用";再假设他进行逆向思考,就会觉得"没有马也好,那样我以后就不用再赌马了,也就不会再有机会把钱赌输给别人,细细想来,即使就算我能把马找回来,以后赛马时万一不小心从马上跌下来、跌伤了、摔断腿了更得不偿失";如果我们假设他转个方向去换位思考,就会认为"缘由天定,此马丢了,或许我可以再买一匹更好的马"。这样想心里就会释然许多。

阿东本来想请假,但是经理未批准,于是阿东就与经理进一步发生口角,并从内心怀恨经理,认为他是一个无情无义的主管。

其实,阿东如果能"正反转三思",经理不批准事假这件事,肯定是有原因的,怨恨的情绪就会得到逆转,心态也会平和许多。

下面,我们再利用"正反转三思"策略对阿东请假的事件进行简要分析。

首先,我们从正面进行积极的思考——请假批准不批准是主管的权限范围,经理有其考虑的各种因素,阿东有义务服从和尊重经理的安排,并将此视为一种美德,这样去想,或许就能够避免上述的一切不快。

其次,我们再从反面进行逆向思考——未批准事假也好,阿东可以继续工作,还可以多拿一点工资,并可节省外出的开支。其实,假如经理真的批准阿东的事假了,可外出时万一发生意外怎么办?

最后,我们可从各种角度进行换位转向思考——阿东没有必要和主管抗争,以免节外生枝,等下一次经理心情好些再去跟他请假吧。一旦公司的生产工作没那么紧张了,说不定经理就会批准呢。

又比如,某人遭遇亲人病故、亲人离散,令人非常伤心痛苦,但是我们谁都明白伤心无用,只能节哀顺变。为了帮其释怀,我们可以引导他作如下思考。

首先,我们站在他的立场上作正面的积极思考——哎,老人家的一生是磊落的,但是我们谁也没想到老人家会走得这么快,这么急。可是生老病死,本为常事,再美好的人生也不可能永远保证亲人能不离不散,人死不能复生,再伤心也没有用,自己的日子还要继续过,咱们还是一起想一想如何完成老人家的遗愿才是关键。

其次,我们再从反方向进行逆向思考——老人病故了,他所有的病痛都从此解脱了,再也没有痛苦,我们只有祝他一路走好,愿他在极乐世界里无忧无虑……所以,我们应从内心去祝福他,为他祷告。

最后,我们可以站在换位的立场去引导他进行转向思考——为了不再增加家庭的负担,老人家选择了这条路,也真是苦了他了。我们应该化悲痛为力量,继续他以前未能完成的工作而努力奋斗,帮助老人家实现他的心愿。

同样,离婚、失恋、单相思、失业等痛苦的事情,我们也可以朝积极方向进行思考。

(2) 人不转心转

很多时候,我们往往很难改变别人的观念和决定,这时就只有设法改变自己的心态了。

欣如在日本读书时，一位舍友有些啰唆，经常找一些鸡毛蒜皮的事与欣如较真。有一次欣如生气了，就狠狠地跟舍友吵了一架，弄得双方都很不高兴。

事后，欣如想，我暂时无法改变舍友的处世作风，但是，也无法将其赶走，而自己暂时又不打算搬离该宿舍，就只好在内心说服自己"委曲求全"。

于是，欣如就去向舍友道歉，说自己不知怎么一时糊涂了，竟然莫名地生气，并拿舍友撒气，是自己不好，请舍友原谅，以后还需要舍友多多照顾。从此，舍友再也不找欣如的麻烦，双方至今还保持着很好的关系。

（3）改变认知，重新诠释，重新解读，重新定义

日常生活中，我们所接触的很多已经被定义了的事物，事实上其定义也许不一定是积极的、准确的、理想的，为了改变我们的"藏识认知"，可以重新将"被嘲笑、被诽谤、被骂、被侮辱……"的事情进行再定义，再生新的诠释内容。

（4）改变心态

心态是内心藏着的态度，对人、事、物的想法的状态，心里的主张。改变心态，就是应用想法改变思维，用思考改变内心的观点、态度。例如把悲观的心态、消极的态度，变为积极的态度。

一个人在大地震中，妻子、女儿丧生，儿子残废，他内心充满悲伤以及地震留下的恐怖阴影。经过心理康复训练他才想通：自己大难不死，应该好好活下去。他化悲愤为力量，开始当义工，帮助抢救工作，也劝儿子要勇敢，要改变心态，不要自怜自卑，虽然不能再走路，但生命还在，明天太阳还会升起来，日子还是要过。儿子也改变心态重回学校，过上正常的生活。

曾任美国国会参议员的爱尔默·托马斯，15岁时长得很高，瘦得像

竹竿，但是打球、赛跑各方面却都不如别人，同学取笑他，给他一个"马脸"的封号。托马斯内心充满烦恼和自卑，经过情绪管理的学习，托马斯克服了自卑感，战胜了尴尬的心态，重获信心和勇气，彻底改变了他的一生。

释放负面认知

日常生活中，我们每个人难免会有一些忧虑、担心等负面记忆的存在，而这些负面的记忆长期积压之后，压抑在我们内心的藏识之中，累积多了就会形成压力。

特别对于一些不平的想法、不合理之事、受屈辱的记忆……压抑在我们意识之中太久了往往会对心灵造成创伤，我们应当设法把它们从内心释放出来。那么，如何释放呢？也许我们可以站在高山上大声吼叫，或者找一个没有人的地方痛痛快快地大哭一场，抑或清醒地摔些无关紧要的东西，特别是对非贵重物品摔打也可以发泄。在日本、美国、韩国等地，有人注册了一些专供人们"发泄"的出气公司，他们会买来一些廉价的模特、道具……商品供要发泄的人摔打、报复，然后再照单付款。

避免感受负面环境

离开负面的生活环境，主动选择感受有效的信息，远离或避免负面的刺激。

生活中，我们要想管理好自己的情绪，就不要主动去感受过多的负面环境，要善于断绝负面情绪信息的来源。如果不看某些事情，我们就可以"眼不见为净"，如果不听某些事情，我们就当自己"不知道就没事了"。

事实上，凡事均可以改变情境，感受不同情境可以让我们避免触景伤情。或者选择正面而有益的情绪信息；或者播种有利的想法、观念、行为；或者选择感识感受积极的信息，避免吸收负面的信息，从而达到稳定情绪的目的。

一位女士看了很多恐怖片，从此内心有了不少恐怖片中的恐怖情节。于是，她每每在遇到类似情景时，就会产生恐惧的情绪。

我们如果听了某些神奇鬼怪的事情，或被相命人士告知我们某年某月会有"厄运"，往往就会有厄运的预期，有时候即使没有"厄运"，也会找出"厄运"的情节来"证实"其命运的灵验。

因此，我们应该不断净化自己内心记忆的种子，不要为了好奇而花太多的时间去看恐怖片或乱看手相、算命、听鬼故事，应严肃保持心灵的净化与单纯，确保藏识只易于产生良好的觉识、感识，消除可能产生负面情绪的藏识。

那么，我们应该如何做？

首先，离开现场，避免受刺激。争论吵架时人们往往互相刺激，双方急于辩解，急于反驳，脸上的表情、肢体动作互相感染、相互刺激，越争越气。而最好的方法是先离开一阵，进行"冷处理"，比如倒杯茶、喝点水、上洗手间等，让感识不再继续被刺激。劝说不动对方，对方不转变，就自己先转变。

其次，远离伤心之地，避免触景伤情。失意、失恋，容易触景伤情。应改变环境，离开伤心的地方，通过转换不同的环境，不同的人、事、物，来避免继续受到同样的刺激。因此，失意时可以外出旅游，不仅能够陶醉于美丽的大自然，心旷神怡，还能舒解心中不愉快的情绪意念。

播种善念

内心中每一种想法、每一种观念，就像是不同品种的种子，我们种下什么种子，就会结出与种子相同属性的果实。也就是说，如果我们的内心藏识是爱，那么，觉识往往就会产生出爱的情绪觉知；如果我们内心中想的是愤恨，往往就会产生出某种恨的情绪。

要想保持较好的情绪，就要储存好的观念和想法，因为种善因才能得善果。情绪管理就是要多播种善因，即播种善念、培养好的观念和想法，这样自然会产生好的情绪之果。

在生活与工作中，多做一些有功德的好事，多播种善因，在藏识里多储存一些好的记忆，让正面的、积极的，可成功发芽、能开花结果的种子深埋在你的内心深处。因为有风度、有学识、有好的心态、有善的记忆，在生活中，藏识散发出来的心念也是善的、正面的觉知和正面的情绪。

净化心灵

如果我们的内心藏识里没有烦恼的想法，就没有忧虑的事情，觉识就不会有忧愁的情绪；内心没有不平事或没有怨恨的想法，觉识就不会有生气的感觉。

通常，我们之所以会感到愤怒或怨恨，其情绪的产生是因为我们的内心有了太多的贪念、无穷的欲望……如果内心的某些欲望未达到，就会产生挫折失望的痛苦。

心灵充电

工作时间长了，会感受疲惫；事情不顺心，会感觉压力大，不论体力、心力都感觉有种无力感，缺乏斗志，产生消极的情绪，此时需要给心灵充电。心灵充电可以放松心情，舒缓紧张情绪。心灵充电主要有下列方式：

休息：冲凉后美美地睡上一觉，或带着孩子出去玩，或干一些简单的家务。

散步：一个人独自在马路上漫步，或与爱人一起牵手前行，或约几个好友边走边聊。

娱乐：唱卡拉OK、听音乐、打电子游戏、与朋友去公园玩、打牌。

听音乐：听交响乐、参加明星演唱会、听教育光碟、听学习录音。

看电视：看名人对话、专家大讲堂、足球评论、连续剧、现场直播节目。

运动：跑步、练拳击、打篮球、跳绳、赛跑、骑自行车。

爬山：上山野炊、与爱人游山玩水、与朋友登山比赛。

旅游：市内旅游、省内旅游、国内旅游、国外旅游、故地重游。

谈心聊天：与朋友谈心、与老师谈心、与爱人谈心、与家人谈心。

静心

静坐修心可以使急躁的心念沉淀下来，使烦躁的情绪安静下来，更可以启发灵感，产生顿悟，发挥潜能。这部分在情绪控制中至关重要。

①静坐。坐在椅子上、床上或轿车里，随时可以闭目养神，甚至打瞌睡。坐前，将头摆正，手平放在腿上，坐直坐稳，身体不要摇动。调呼吸，将呼吸拉长变慢，意想从头部往下放轻松，放轻松，再放轻松，心自然静下来。

②立静。双脚平行站稳，头摆正，身站直，手扶柱子(如无柱子就平放于两腿外侧)，站稳使身体不摇动。如站在公交车上，车子振动，也要保持平衡；注意呼吸，从头部、眼皮、嘴唇、双眉、手臂、手掌、手指逐步放松，慢慢进入冷静朦胧的休息状态。

③卧休。平躺在床上，手脚自然平放，不用意志力控制，不要有压迫感，如有不舒服之处，用手轻抚。调好姿势之后，调整呼吸，放轻松，心就会平静下来。开始之后即使再有不舒服，或手痒、脚痒、头痒也不要理它，不要再动，意识自然往下沉，进入超觉之境。

信仰

把问题与自己的责任、身上的使命、未来的伟大事业一比较，会发现自己没有时间去计较很多身边的小事。同样，很多有信仰的朋友通过祈祷、祷告，把内心的烦恼交给自己的信仰，释放内心负面的情绪，将内心矛盾冲突的想法发泄出来，从而解决情绪的问题。

7. 犯错没关系,对自己宽容点

正如生命总是宽容我们的身体一样,它从来不曾埋怨过我们受到损伤的身体。只要受伤的地方得到了保护,生命就会把那里恢复如初。这是大自然伟大的造物主对我们的宽容,我们又有什么理由不宽容地对待自己呢?

一个妇人外出办事,不小心把自己的伞弄丢了,于是在回家的路上,她一直十分懊恼,不停地责怪自己为什么那么粗心,还时不时地想雨伞到底被自己放在哪儿了,看到街上有人提着和自己颜色相同的伞,就在想那是不是自己的伞。就这样,她不知不觉到了家,坐下之后,她忽然发现自己的钱包不见了。原来她一直惦记着丢雨伞的事情,因为仓促、惶恐和不安,连自己的钱包丢了也没有发现。

试想,如果这位妇人在丢伞之后能够豁达一点,洒脱地不放在心上,又怎么会因一时大意而丢了钱包呢?

对那些已经发生的事情耿耿于怀、反复思虑,无疑是在白白浪费自己的精力。既然那些已经发生的事情无法重来,为什么不宽容地对待自己呢?

许多人都有"遇事想不开"的心理倾向,当有人劝他们想开些时,他们会说:"宽恕别人是一种美德,宽恕自己无异于自杀!"这种不肯宽恕自己的人将背着心灵的包袱终生受累。

我们之所以对以前的某个错误耿耿于怀,迟迟不肯原谅自己,多半是因为我们为之付出了一定的代价。可是，不能原谅又能如何？代价不能再收回，但是我们的心情可以回转，也需要回转，因为生活还要继续。

安雅宁进入公司刚刚一年，因为表现优秀，很受领导器重。她也暗下决心一定要做出成绩来。一次，上级领导要她负责一个企划案，为一个重要的会议做准备，还透露说如果这次企划案能赢得客户的认可，她将有可能被调到总公司负责更重要的职务。对安雅宁来说，这是个千载难逢的机会。她非常卖力，每天都熬夜准备这份企划案。

可是，到了会议的那天，安雅宁由于过度紧张，出现了身体不适，脑子一片混乱，甚至没有带全准备好的资料，发言的时候词不达意，几次中断。会议的结果可想而知……

失去了一个这么好的机会，安雅宁为此懊恼不已。之后，由于她的状态一直不好，又有过几次小的失误，她对自己更加不满。以前自信的她，现在忽然觉得自己不适合这个工作，不然为什么老是在关键时刻出错呢？她开始惩罚自己，经常暴饮暴食，或者拼命地喝酒。

安雅宁的情绪越来越不好，领导找她谈过几次话，宽慰她过去的事情都过去了，人应该向前看。虽然她的情绪渐渐稳定了下来，但是她还是不能原谅自己，没有心情做好手中的事情，以致对工作失去了当初的信心。最后，她不得不递交了辞呈。

很多人在犯错之后，不能原谅自己，甚至憎恨自己，进而影响到现在乃至未来做事的心情。如果憎恨过于强烈，就无法洗心革面，无法看到希望的曙光。不如反过来想一想，错误既然已经犯下了，再惩罚自己又有什么用呢？而且你已经为此付出了沉重的代价，为什么还要搭上现在和未来呢？

当我们为曾经的错误付出了沉重的代价后，可不可以原谅自己呢？只有原谅自己，才能重新调整心情，开始新的生活。而那些无法原谅自己，始终对自己的过去耿耿于怀的人，得不到人生的幸福。

每个人都希望自己的人生道路和事业道路能够一帆风顺，最好不要犯任何错误，其实这一观念是不符合自然规律的，只不过是人们的一厢情愿罢了。"人非圣贤，孰能无过。"无论是在工作中还是生活中，犯错本来就是难以避免的事情。关键不在于你犯的错本身，而在于你犯错之后的反应。

常常听一些人痛苦地说："我永远无法原谅自己。"可是，不原谅又能如何？那等于把自己推入了一个永不见底的深渊，从此再也看不到希望和光明。而世上根本没有"后悔药"，谁也没有能力改变过去，对自己的责怪只能加深自己的痛苦。

其实犯错本身并不可怕，可怕的是我们失去了直视它的勇气，更可怕的是我们从此失去做事的心情，以至于赔上了现在和未来。所以，切莫再抓住过去的伤疤不肯放手，赶快从自怨自艾的泥潭中跳出来，朝气蓬勃地投入到新的生活和事业中去吧！

只有真正从心底里原谅自己，才能驱走烦恼，让心情好转。不管是在生活中，还是在工作上，都不要太在意曾经的失败。就算烦恼的情绪始终挥之不去，你也可以带着它一起努力，一起走向成功，成为一个出色的人，一个有人格魅力的人。

8. 适当妥协，改变自己适应别人

很多人，都有企图改造别人的行为或者心理，只不过他们自己没有意识到罢了。

比如：

你是不是觉得朋友丢三落四的毛病很不好？

你是不是觉得同事死脑筋，做什么事情都不知道转弯儿？

你是不是认为自己的建议非常完美老板就应该接受？

……

然后，你就不断地去提醒，找各种理由去说服对方，但是对方似乎并没有因你改变多少，或者根本就不愿意接受你的意见，尽管你的本意是好的。

不要认为别人顽固不化，难道你就希望别人改造你吗？比如，你非常喜欢紫色，所以买衣服的时候常常会不由自主地选择紫色，而别人认为你根本不适合这种颜色，你会怎么想？大概会在心里嘀咕：我爱穿什么穿什么，多管闲事！

当别人不能适应我们，不能按照我们的要求去做的时候，冲突和矛盾就产生了。

可以说，人际关系的不和谐多半是因为我们试图让别人适应我们而又不成功造成的。所以，当你觉得自己的人际关系不尽如人意的时候，不要把责任归咎于别人，而要多从自己身上找找原因。与其去改变别人适应自己，不如改变自己适应别人，毕竟相比较别人来说，只有我们自己才受自己掌控。

当一个人不再对别人要求苛刻，不再要求别人适应自己，而是会通过他人的镜子、现实的镜子或者是历史的镜子来剖析自己、调整自己，通过改变自己去适应别人的时候，才是走向成熟和理智的标志。比如，一位同事对你的态度不太友好，你能让他对你有礼貌的唯一方法，就是先改变自己对他的不好印象，对他表示友好和善意。卡耐基曾说："想要别人怎样对你，你就要先对别人怎样。"中国有句古话也是这个意思，"己所不欲，勿施于人"。

改变自己，适应别人，是为了营造更和谐的关系。

有人说，人与人之间相处的艺术，就是一种妥协的艺术。

每个人都是一个独立的个体，即便是一个不懂事的孩子，也不会按照你的意愿成长。所以，不要因为对方不听你的话而烦恼不堪，哪怕对方是你的家人，你也没有权利和能力让他们完全适应你。学着尊重对方的个性，必要的时候，去改变自己适应对方。

有一个女人习惯从尾部开始挤牙膏，而她的丈夫却做不到这一点，她为此常常与丈夫争吵不休。后来越吵越厉害，最后不得不协议离婚。这听起来简直匪夷所思，却是事实。如果他们在结婚之前就知道，挤牙膏方式的不同可能会让他们的爱情之火熄灭，他们就一定会用一两分钟的时间在这个问题上达成共识，然后走向结婚的礼堂。而冷静下来想一想，这些小事和自己曾经海誓山盟的爱情相比，实在是微不足道，你为什么就不能妥协一下？或者干脆每天早上给他挤好牙膏？

当然，适应别人，并不是唯唯诺诺的盲从，更不能以失掉自己的个性为代价。就以与老板的关系为例来说，既然我们选择了这个老板，并希望在这里有所作为，就应该去适应老板，而不能指望老板来适应我们。但是，为什么有那么多人不停地抱怨老板，然后不停地跳槽？

这就涉及如何适应的问题，有的人为了讨好老板，无论老板说什么都点头称是，没有一点自己的主见，那么这种忠诚也只能称为愚忠而不是智慧，老板自然不会重用一个只会盲目服从的员工。其实真正的适应不是"绝对服从"，而是"合理顺从"。

合理顺从的意思是"提供相关信息，协助老板达成正确决策，以利自己的配合执行"。老板是对的，应该听从并且尽力去配合；老板有偏差或缺失的，务必委婉说明劝阻，让老板感觉到你是在以"参与"的心态来协助他达成决策。千万不要明明知道错了，但因为对方地位比自己高，权力比自己大，就盲目服从，或者以此企求获得老板的青睐。

适应老板，不是盲从，不是只为讨老板欢心，而是尽力配合执行，作出更完美的决策，这才是真正地对老板负责，对自己负责。

试图改造别人，让别人适应你，只会引起别人的反感。聪明的人，则会顾全大局，比如为了更好地合作，为了减少冲突，就会在一些非原则的问题上，选择妥协，改变自己去适应别人。

每个人都有支配别人的欲望，因为每个人在潜意识里都希望自己扮演的角色是有影响力的。但是，任何改造别人适应自己的行为都只能以失败收场。没有人会像泥人一样，任我们随便捏，我们能掌控的只有自己。如果改变不了别人，那就改变自己吧！

第 六 章

一个人时，
怎么才能让自己高兴起来

1. 联系一次多年未见的老朋友

老木柴最好烧,老酒最好喝,老作家的著作最值得读,老朋友最可靠。感情越老越值钱,老朋友的意义在于互相感慨彼此的变化。

每个人都有自己的老朋友,或许你们已经很久不联系了,你们已经好久没有想起彼此了,但是曾经在一起度过的那些美好的时光,你还记得吗?想起彼此带给对方的欢乐,你是不是还会会心一笑。有些人总是会慢慢地淡出你的世界,慢慢地在你的记忆里模糊。也许因为时间、因为距离、因为没有时常联系,很多人宁愿找些陌生人或者自己不熟悉的人聊天,也不愿意和以前的好朋友聊天。也许,你根本不知道你们要聊什么,也不知道要从何聊起。因为时间长了而慢慢疏远,渐渐地陌生了。

现在的网络固然是很发达的,然而当你偶然想起自己的老朋友,习惯性地打开空间,然后看到上面的显示:"抱歉,该空间仅对主人指定的人开放"或者"你没有访问权限"的时候,内心的失落溢于言表。有些好友只是在逢年过节的时候才会发下"祝福"的短信,实际上还是群发的。虽然你们彼此之间很熟悉,但是现在却多了些陌生的感觉。相对于那些新的朋友来讲,老朋友更能让你找到原来的自己,因为老朋友就像是旧的明信片,看到他就看到回忆中的自己。

那天萱正在上班的时候,突然接到一个朋友的电话。电话那头的声音很陌生却又很熟悉,对方让她猜是谁,萱抱着怀疑的态度说出了一个名字。果然是他!军,一个许久不曾联系过的朋友,萱一下子觉得很亲切。

电话那头的军已经背井离乡，远在美国，多年没有联系。记得最后一次见面的时候，萱还在一个私企当文秘，军特地跑来跟她道别，说要去美国读书。当时萱不以为然，觉得像军那样的纨绔子弟去国外读书只是一个幌子，不过去玩玩罢了。后来军真的走了，这一走他们就再也没见过面。

三年后的一天，军突然出现在校友录上，附了留言和照片，说要结婚了，老婆还是个美国姑娘。大家在校友录上评论一番，但俩人还是没见面，没联系。

一晃五年过去了，当萱被忙碌的生活占据，渐渐遗忘曾经的点滴时，军突然给她打电话。电话那头的他现在已定居在美国，美满的婚姻生活让他觉得很幸福，他不停地劝萱赶紧结婚，萱一下子觉得很温暖。可见，虽时隔多年，当初的友谊依然那么醇厚，让人久久回味。

很多人被忙碌的生活牵制着，和昔日的朋友渐渐地失去了联系。当停下来闭上眼睛回忆往事时，我们会发现其实我们真正的理想就是让自己变成世上最幸福的人。而真正的快乐只是来源于生活的点点滴滴，比如接到许久不曾见面的朋友的一个电话，那一刻感到无比幸福，因为在某一刻、某一点上，有一个人想起了你……

走过了多年的岁月，当你逐渐变得现实，逐渐被社会同化，当你在工作中再也找不到那样纯洁、真挚的友谊时，给自己一个机会、一点时间，去回首、去回顾多年来你所感受到的友情、真诚和关怀。这些诚挚的感情，让我们不再感到孤单和寂寞，去联系他们吧，给他们一个电话、一声问候。

有一个富翁，年轻时家里很穷，父母都是农民，他从小到大一直在一种饥饿和窘迫之中度过。节日的新衣服、过年的压岁钱、喜庆的爆竹、父母的呵护……这些本该属于孩子的专利，都与他无缘。

最使他难忘并终生感恩的是小伙伴们对他无私、真诚的帮助和呵护。只要小伙伴手里有两块糖果，肯定就会有他的一块；伙伴手里有一个馍馍，那肯定有他的一半。在贫穷和饥饿之中，还有什么比这些东西更宝贵呢？

一眨眼30年过去了，在这段时间里，世界上的许多事情都变了模样。此时，富翁已步入中年。外出闯荡的他已今非昔比。30年的奔波劳碌、摸爬滚打，富翁一路风尘地走过来了，如今他已成为一个稳健、精明、魅力非凡的企业家。有一天，少小离家的他动了思乡之情，于是在一个艳阳高照的日子，富翁回到了家乡。

当日，他走遍全村，感谢叔伯大爷、兄弟姐妹这些年来对父母的照顾，并给每家送了一份礼品。夜里，富翁在自家摆桌请客，赴宴者全是从小光着屁股一块儿长大的玩伴，他们自然也是40多岁的中年人了。

按当地的风俗，赴宴者都要带点礼品表示谢意。大家来的时候，都带着礼品，有的还很丰厚。富翁让人一一收下，准备宴席之后，请大家带回。当然，还有自己馈赠的礼品。

正在大家热热闹闹、布菜斟酒的时候，门开了，一个儿时旧友走进门来，他的手里提着一瓶酒，连声说："对不起，我来晚了。"

大家都知道这个朋友日子过得很艰难，其情其境，一点儿不亚于富翁儿时。富翁起身，接过朋友提来的酒，并把他拉到自己身边的座位上坐下，朋友的眼里闪过几丝不易觉察的慌乱。

富翁亲自把盏，他举着手里的酒瓶，说："今天，我们就先喝这一瓶酒，如何？"一边说，一边给大家一一倒满，然后他们一饮而尽。

"味道怎样？"富翁问。所有赴宴者面面相觑，默不作声。旧友更是面红耳赤，低下了头。

富翁瞧了一眼全场，沉吟片刻，慢慢地说："这些年来，我走了很多地方，喝过各种各样的酒，但是，没有一种酒比今天的酒更好喝，更有味道，更让我感动……"说着，站起身，拿起酒瓶，又一次一一给大家斟酒，"再干一杯！"

喝完之后，富翁的眼睛湿润了，朋友也情难自抑，流泪了。

他们喝的哪里是酒，分明是一瓶水啊！

这是多么感人的场面，没有比这更宝贵的东西了。贫穷的朋友提着一瓶水也要去看望儿时的玩伴儿，发迹的富翁喝着这碗"水酒"，不以为意，反而大受感动，情不自禁，以致泪下。生活中，无论一个人多么发达，总还有曾经的根，在生活中拼搏累了，总会感慨曾经的岁月。在那些特殊的岁月里，那些质朴、天真、善良的朋友，总留着一个非常的角落，供疲惫的你小憩，安慰你受伤的心灵。

不要丢掉自己的陈年故友，不要让时光割断一切友谊。你应该联系一下自己的老友，也许未见多年，但是你们彼此之间的感情依旧是很浓烈的，如果不是如此，至少你们之间应该是最能够给自己带回回忆中的那个人了，也许年轻的心随着岁月的流逝已经老去，但是记忆总是在你看到那个人的时候，依旧恍如昨日。拿起你手中的电话，联系一下你当年的老友，或者通过发达的网络，寻找一下自己失散多年的老友，无论彼此之间的友谊是否变淡，请遵守当年明信片上那"友谊永存"四个字的承诺。

2. 不求回报地帮助一个陌生人

华罗庚说:"人家帮我,永世不忘;我帮人家,莫记心上。"不求回报地帮助陌生人,就像狄更斯所说的那样:"世界上能为别人减轻负担的都不是庸庸碌碌之辈。"你也将会是一个了不起的人。

现在社会中,帮助陌生人,已经是一件再寻常不过的事情了。只要我们经常翻阅报纸杂志,就知道在这个世界上还是好人多,只要一方有难,就会得到八方支援。当看到一些陌生人得到了帮助,那份感激与感动就会油然而生,不仅温暖了自己,也惊醒了自己。

一天傍晚,他驾车回家。在这个中西部的小社区里,要找一份工作是那样的难,但他一直没有放弃。

冬天迫近,一路上冷冷清清。他的朋友们大多已经远走他乡,他们要养家糊口,要实现自己的梦想。然而,他留下来了,这儿毕竟是他父母埋葬的地方,他生于斯,长于斯,熟悉这儿的一草一木。

天开始黑下来,还飘起了小雪,他得抓紧赶路。

开了一段时间,他看见了一位因车在路边抛锚而手足无措的老太太。他看得出老太太需要帮助,于是,他将车开到老太太的车前,停下来。

虽然他面带微笑,但她还是有些担心。毕竟她等了一个多小时,也没有人停下来帮她。他会伤害她吗?而他看上去穷困潦倒,饥肠辘辘,不那么让人放心。他看出老太太有些害怕。"我是来帮助你的,老妈妈。你为什么不到车里暖和暖和呢?顺便告诉你,我叫乔。"他说。

　　她遇到的麻烦不过是车胎瘪了，乔爬到车下面，找了个地方安上千斤顶，又爬下去一两次，弄得浑身脏兮兮的，还伤了手。当他拧紧最后一个螺母时，她摇下车窗，开始和他聊天。她说，她从圣路易斯来，只是路过这儿，对他的帮助感激不尽。乔只是笑了笑，帮她关上后备箱。

　　她问该付他多少钱，出多少钱她都愿意。乔却没有想到钱，这对他来说只是帮助需要帮助的人。他说，如果她真想答谢他，就请她下次遇到需要帮助的人时，也给予帮助，并且想起他。

　　他默默地看着老太太发动汽车上路了，天气寒冷且令人抑郁，但他在回家的路上却很高兴。

　　沿着这条路行了几英里，老太太看到一家小咖啡馆。她想进去吃点东西，驱驱寒气，再继续赶路回家。

　　侍者走过来，递给她一条干净的毛巾擦干她湿漉漉的头发。女侍者面带甜甜的微笑，是那种虽然站了一天却也抹不去的微笑。老太太注意到女侍者已有近8个月的身孕，但她的服务态度没有因为过度的劳累而有所改变。

　　老太太吃完饭，拿出100美元付账，女侍者拿着这100美元去找零钱。而老太太却悄悄出了门。当女侍者拿着零钱回来时，奇怪老太太去哪儿了，这时她注意到餐巾上有字。是老太太写的，女侍者读道："你不欠我什么，我曾经跟你一样。有人曾经帮助我，就像我现在帮助你一样。如果你真想回报我，就请不要让爱之链在你这儿中断。"

　　晚上，下班回到家，躺在床上，她心里还在想着那钱和老太太写的话，老太太怎么知道她和丈夫那么需要这笔钱呢？孩子下个月就要出生了，生活会很艰难，她知道她的丈夫是多么焦急。当他躺到她旁边时，她给了他一个温柔的吻，轻声说："一切都会好的。我爱你，乔。"

　　这真是一个温暖又神奇的故事，生活有时就是如此巧合。你帮助了别人，也会有别人来帮助你。中国有句老话："赠人玫瑰，手有余香。"有的时候能够帮助别人只是举手之劳，却能温暖别人一生，甚至幸福一生，同时自己也能够得到快乐。一个人的一生中至少应该帮助一次陌生人，不求回报，不求他人的关注。有一首歌的歌词写得很好"只要人人都献出一点爱，世界将变成美好的人间"。人这辈子有可能做过一些对不起别人的事，也有可能受到过别人无理由的帮助，那么也应该不求回报地帮助一个陌生人，这样的人生才算完满。

　　一个穷苦学生为了付学费，挨家挨户地推销货品。到了晚上，他发现自己的肚子很饿，而口袋里只剩下一个硬币。当一位年轻貌美的女孩打开门时，他却失去了勇气。他没敢讨饭，却只要求一杯水喝。女孩看出来他饥饿的样子，于是给他端出一大杯鲜奶来。

　　他不慌不忙地将它喝下，并且问："应付多少钱？"

　　而她的答复却是："你不欠我一分钱。母亲告诉我们，不要为善事要求回报。"

　　于是他说："那么我只有由衷地谢谢了！"

　　当他离开时，不但觉得自己的身体强壮了不少，而且信心也增强了起来，他原来已经陷入绝境，准备放弃一切的。

　　数年后，那个年轻女孩病情危急，当地医生都已束手无策。家人将她送进大都市，以便请专家来检查她罕见的病情。

　　他们请到了郝武德·凯礼医生来诊断。当他听说，病人是某某城的人时，他的眼中充满了奇特的光辉。他立刻穿上医生服装，走向医院大厅，进了她的病房。

　　医生一眼就认出了她，那个曾经给他牛奶的善良女孩。他立刻回到诊断室，并且下定决心要尽最大的努力来挽救她的性命。从那天起，他就特别注意她的病情，经过漫长的治疗之后，终于让她战胜了病魔。

最后，计价室将出院的账单送到医生手中，请他签字。医生看了账单一眼，然后在账单边缘上写了几个字，就将账单转送到她的病房里。

她不敢打开账单，因为她确定，这是一笔需要她一辈子才能还清的医药费。

但最后她还是打开看了，账单边缘上的一些东西，特别引起她的注意。

她看到了这么一句话："一杯鲜奶足以付清全部的医药费！"签署人：郝武德·凯礼医生。

帮助别人往往就是给自己留下生机与希望，每个人都不应该吝惜对别人的帮助。帮助别人的好处不在于得到一些回报，而在于避免发生一些不好的事情，这就是助人为乐最大的益处。

尽你所能去帮助那些需要帮助的人，是一件很简单的事情。不要吝于伸出你的双手，也许你一个简单的爱的动作就能让处于困境中的人看到生命的阳光，看到人间的温情。

3. 挑一个午后，和你的邻居聊聊天

"远亲不如近邻"，是中国传统文化对邻里关系的期待性认知。受居住空间的影响，相居一处的邻里是"抬头不见低头见"的接触最频繁的群体。如果邻里关系友好和睦，其"人居场"就宽松适宜、心情舒畅；反之，就会感到很别扭，难以融入"人居场"之中。所谓"现

代都市病", 大多因混凝土文化使然, 表现出冷漠、孤独、自闭等心理疾病。

人的一生能够在茫茫人海中比邻而居, 不论时间长短, 也可说是一种缘分。真想缘分能够继续, 双方就应该互相关心、帮助和尊重。平常的生活无论是楼道里的一声问候, 还是见面的会意一笑, 都是呵护邻里缘分的一次良机。

"这些是什么东西?"莫恩太太看了一眼丈夫手中拿着的一沓小纸条。

"如果我请邻居们来喝一杯茶……"他指着纸条上的字, 念着。

纸上是一幅画: 左上方是一个垂首微笑的太阳; 太阳下是一幢又一幢的城市大楼, 窗户有关着的, 也有打开的; 窗子如果打开, 便有一个或两三个人探出半身来, 和另一扇窗子的人微笑、握手或谈话; 他们均有愉快的面貌, 十分高兴见到邻居; 屋顶上, 彩色气球升起来了, 为了增加节日的气氛; 天空中, 白色的鸟儿在飞翔, 为了表示自由和舒畅; 纸条上还有一行文字: "亲邻行动, 屋宇节——如果我请邻居们来喝一杯茶!"

看完纸条之后, 莫恩太太仍旧不明白, "这是什么意思?"她问道, 等待丈夫做详细的解释。

莫恩告诉她, 本区的超级市场, 发动人们过一个新的节日, 名为屋宇节, 希望住在同一楼宇的人, 在6月9日这一天, 互相邀请, 见见面, 同喝一杯茶, 这就是亲邻行动。超级市场印了一些纸条, 免费派发, 人们可把它们用作邀请卡。莫恩把纸条翻过来, "你看, 背后便是邀请卡, 印了时间、地点、邀请人、被邀请人等栏, 只待填写。"

莫恩太太睁大了眼睛, "你的意思是说, 我们要做主办人, 邀请这一幢楼宇的住客来我们这儿喝茶?"

莫恩笑嘻嘻地反问: "为什么不可以?"

嫁给这个男人已逾10年，做妻子的仍旧认为：莫恩是一个她难以明白、不容易了解的人。

幸好莫恩太太虽然不能完全了解丈夫，但她凭着直觉，相信丈夫在表面的童稚下，藏着一颗珍贵的人性的心。只是关于亲邻行动，做妻子的却很难和丈夫有同样的热心。超级市场之所以发动大家过这样的节日，不外是替店家做宣传，主要目的是希望人们前来购物。

并不热心的莫恩太太为了不违丈夫的意，也只得拖着购物小车子，去超级市场购物。莫恩早已花了一个上午时间，在邀请卡上填写了每位邻居的姓名、喝茶的时间和地点。他一共填写了20张，并把它们分别放进各户的信箱里。

莫恩太太叹了一口气，她担心到时候一个邻居也不会出现。在这栋楼宇居住已有两年，她只认得几张脸孔。在电梯中或信箱的前面遇见时，大家客气地说一声"早安"，如觉得有"交谈"的必要时便说今天的天气好或是不好，更进一步的便说，明天的天气可能更好，或更不好。除此之外，莫恩夫妇不认识邻居，邻居也不认识他们。如今他们要响应亲邻行动，做主办人，邻居们会怎样想？有些什么反应？他们会应约前来吗？

莫恩太太的担心是完全有道理的。

首先，打开信箱的只有19人。有一户人家，早已迁出。其余19人，有12个把邀请卡和其他信件及广告掏出后，粗略地看了一眼，认为邀请卡是广告之一，便顺手把它和其他广告丢进垃圾箱中。余下的7个开信箱的人，看到卡上所写的邀请日期、时间和地点——莫恩夫妇家。

谁是莫恩夫妇？有3个人茫然了，他们肯定这是某人在"开玩笑"，不值得理会，不用和家人提起，把邀请卡丢进家中的废纸篮里，转一个身，完完全全忘却了此等无聊的小事。

有两家人在6月9日晚上早有约会，他们是没空的，即使他们相信邀请卡不是一个玩笑，也实在无法参加。当然，如果他们是有礼貌的人，是应该回复一张小纸条或小卡片，多谢邀请，并道歉一声，说真不凑巧呢，他们偏在这个晚上有约会。但他们没有这样做，并非缺乏教养，而是觉得像这么郑重的回复，总显得别扭吧。邀请人大概想着"愿者自来"，不愿或不能来的便不来好了，是不等待有人回复的。

其余的两户人家，曾在超级市场内看过这些邀请卡，知道有"亲邻行动"这件事，他们想：商店的宣传手法，实在层出不穷，没想到竟有人认了真！他们大概知道莫恩夫妇是谁，即使双方从来没作过正式的交谈。姓黄的那一家认为莫恩夫妇，特别是莫恩，显得有点怪怪的。姓杜的那户人家，对莫恩没有特别的不满，看着邀请卡，决定不了是否去赴会，他们害怕和人打交道，如被迫在社交场合中露面，杜氏夫妇永远是沉默无言。他们有两个小孩，性情和父母完全相反，整天不断发出声音，更爱推移家具，搅乱小陈设。杜先生和杜太太怎敢把这两个孩子带往不熟识的人家中。他们相信莫恩的诚意，但不能赴会，自有他们不得已的苦衷。

6月9日，莫恩夫妇忙碌了大半天。

首先，要把客厅空出来，让客人有走动的地方。他们合力把书桌沙发椅等全推近墙，腾出空间，摆放了折椅。当然，如果全体住客一同出现，不会有足够的椅子供他们坐下来，至少有一半人需要站着。"像游园会那样！"莫恩笑着说。在客厅的一边，他们放下饭桌，铺了一张华丽的彩虹色的台布，桌上放满各式饮品，有果汁、红酒，也有自制的鸡尾酒；碟子和碗里，盛着小吃：花生、饼干、蛋糕、糖果……莫恩夫妇没有忘记在饮品和食品中放下一个大花瓶，瓶中插着开得灿烂的红玫瑰。他们的露台上，也有一株玫瑰花树呢，6月，是花开的季节。今晨，妻子把一束玫瑰剪下来，心想："要是一个人也不出现……"

在6月9日这一天的黄昏，莫恩的妻子担心的是有没有邻居应约前来，她不愿意看到莫恩失望的脸色。她把玫瑰花插好了，再没有其他事情可做。夫妻相看一眼，像是互相鼓励和安慰，各自挑了一张椅子坐下来，打开一本书阅读，开始等待。

半个小时过去了。露台上，偶尔飞来一两只灰鸽子，大概是累了，在栏杆上歇歇脚，但是不久又飞开。

一小时过去了，西方的天色，虽仍晴亮，但已隐隐地透着一点儿金黄。难道黄昏真的要抽身离开，让莫恩夫妇度过一个寂寞而难堪的晚上？

妻子不敢开口说什么。再等一会儿？等到晚上7点钟？她已不相信会有邻居出现，邀请卡上写的是下午5时。她再看一眼挂钟（怎么挂钟的嘀嗒声音比平时来得更响？），6时30分。她想：再等上半小时。她便要把所有饮品、小吃等拿回厨房，把家具重新调动，使客厅恢复本来的样子，然后……她可有做晚饭的心情？还是向丈夫提议：两人外出，度过这一个晚上？丈夫能接受现实，不太伤心吗？

快7点了，妻子偷眼看莫恩，他平静地站在露台上，看着远山。西方的天际，挂上了一片轻巧的红霞。

突然，门铃响了，妻子给吓了一跳，她来不及通知露台上的丈夫，赶紧去开门，像害怕走迟一步，门外的人便会消失。是哪一个邻居来赴约呢？不会是推销员吧？她把门打开，一个和气的中年男子站在门外，是她从没见过的一张脸孔。她想：我当然不认识住在这楼宇内的每一个人……但他真是应约前来吗？对方像猜中她的疑惑似的，微笑着先开口了："我是刚搬来的新邻居，谢谢你们的邀请。我可以进来，和你们喝一杯茶吗？"

莫恩的妻子几乎是感激涕零了："请进来啊，请进来啊！"

来客踏步进门，莫恩妻子把门带上，一转身，看到来客的背，她惊呆了。

来客的背上，发着光，她清楚地看到一双小小的、白色的翅膀。她失声说："你……"

对方"噢"了一声，"我忘了！"以手轻拍肩膀，翅膀消失了。

莫恩妻子掩着口："你是……"

对方把右手的食指放到唇间，"嘘……"再轻声地说，"告诉莫恩，客人来了！"

莫恩的热情被忙碌的邻居漠视，然而，天使却被这日渐消失的温情打动了，于是，它应邀来到莫恩家喝下午茶。

其实，邻里缘分还真如一把锁，打开不难，锁上也容易，但钥匙就在你自己手中，关键在于你愿不愿意去打开它。门关上了，人们渴望交流的心并没锁起来。作为群居动物，人与人之间其实都渴望相互依赖、相互支持。

其实很多新住户都希望认识周围的人，但是却苦于没有沟通渠道。所以，你也可以在一个闲下来的某个周末的下午，诚挚地邀请你的邻居，到你的家里喝上一杯茶。

4. 你很闲？那学点理财吧

理财的关键不在于你能赚多少，而是你能在多大程度上照看好你的钱，不让它们不知不觉地从指缝中漏出去。"不积跬步，无以至千里；不积小流，无以成江海"，永远不要认为自己无财可理，只要你有经济收入就应该尝试理财。

"积少成多，聚沙成塔。"如果我们能够意识到理财是一个聚少成多、循序渐进的过程，那么"没有钱"或"钱太少"不但不会是我们理财的障碍，反而会是我们理财的一个动机，激励我们向更富足的路上迈进。

理财在很大程度上，和整理房间有异曲同工之处，一间大屋子，自然需要收拾整理，而如果屋子的空间狭小，则更需要收拾整齐了，才能有足够的空间容纳物件。我们的人均空间越是少，房间就越需要整理和安排，否则会凌乱不堪。同样，我们也可以把这个观念运用到个人理财的层面，当我们可支配的钱财越少时，就越需要我们把有限的钱财运用好！

而要运用和打理好有限的金钱需要一种合理的理财方式，归根结底，我们应该明白这样一个事实：不能因为有钱，甚至钱多就不用理财；同理，钱财有限，则更需要理财。

在年轻朋友当中，不乏这样一群人：他们学历高，所学的又是热门专业，所以工作好、工资高。这其中就有一部分人觉得没必要理财，节流不如开源。当然自己也会注意节约，不会每月花光，一样过得很好，每年年底还能剩一点钱够零花。我相信有这种想法的大有人在。

乍一听，好像这样的生活方式也挺好，不用费心去理财，钱肯定也够花，但这种随性对待自己钱财的态度看似悠闲自在，实际上还是因为没有遇到不可预期的风险。一旦遇到了，你就会发现，目前的这种"自由"是有代价的，它会让你在缺乏有效防御的前提下，将自己暴露在风险之中，遭受挫折或损失。

在现实生活中，我们看到许多白领由于工作压力较大，很少顾及理财。常常是把钱往银行一存，就以为是最安全的了。而实际上，正如我们在前面所提到的那样，这种把钱放在银行里任其生灭的方式，在理财产品和理财渠道如此丰富的今天，其实是十分错误和愚蠢的。

　　今年25岁的王林，在一家房地产公司担任客户经理，年薪加分红在十万元以上。这在同龄人中是相当不错的收入了，看着银行里的存款一个月比一个月高，王林很是得意，觉得周围的同事今天聊保险、明天又选基金，真是有点瞎折腾。自己的收入那么高，存在银行里，又安全又省心，有什么不好呢？所以王林从来不会听公司组织的理财咨询课，同事们纷纷购买商业保险，他也从来不参与。

　　然而，天有不测风云，一次驾车游玩时，王林不小心伤了腿，需要手术治疗，并卧床几个月，这下子，光是手术费、住院费、生活费就要十几万元。而王林的所有存款也不过七八万元而已，好歹公司还有医保，但是也才一万多元。没有办法，王林只好去借，东拼西凑总算把救命钱给拿出来了，算是救了急。

　　此时的王林是追悔莫及，他恨自己没有未雨绸缪，本来只花几千元钱办个保险就可以解决的问题，结果现在倒好，不但自己从前的积蓄被一笔勾销，还成了"负翁"。他从这件事上长了记性，开始学习保险及各种理财手段，为自己规划一个稳定的未来。

　　与王林相类似的境遇，我们也经常可以在报纸上见到。比如，年收入几十万元的白领因为一场重病而倾家荡产，被打入社会底层，这样的故事屡见不鲜。也许，这样的事情不降临到自己的头上，谁也不会意识到它的存在。

　　说来说去，我们都是在讲这样一个道理：对一些高收入的年轻朋友而言，理财是同样重要的。即使在目前，你的工资已经远远高出同龄人，暂时不必担心生计问题，但是要知道，随着时间的推移，你可能会面临买房、结婚的事情，甚至以后养育子女的问题，面对这一大笔即将到来的支出，如果不及早作打算，到用钱时怎么办？和父母要？找朋友借？要知道，手心向上（即伸手讨钱）的日子可不好过哟！

再比如，假如有一天，你或者你的家人像王林一样，不幸得了重病或受了外伤，在现有的医疗保障体制下，大部分的医疗费用由自己承担，需要很多钱来医治时，你又该怎么办？其实，所有这一切不可预期的意外，只要你在平时有足够的风险意识，未雨绸缪，遇到问题时可能就会是另一种结果。

小李，一毕业就进入一家大型广告公司，拿着同龄人都羡慕的薪水和福利待遇，他虽然不大手大脚，但也从来没有理财的概念，所有存下来的钱，一概扔在工资卡里动也不动。他觉得这样处理钱就已经很安全了，至于那些股票、基金之类的东西，在他看来都是不实用的，说不定还会有风险把原有的积蓄给搭上去，还是老老实实放在银行最安全。

他卡上的钱越来越多了，与他差不多收入的同事都已经去炒基金、买保险，投资各类理财产品了。同事也劝小李参加进来，但他不以为然，心想：这种理财方式太有风险，万一赔了怎么办？还是我这种"理财方式"最安全。

又是几年过去了，许多投资理财的同事们在新一轮的牛市中理财收益都在10%以上，加上他们原有的存款，可以让他们轻轻松松地交完房子的首付钱，所以很多人都纷纷开始计划着购房置业，而小李的存款却只能保证他在几年之内衣食无忧。直到这时，小李这才发现和其他人相比，自己已然输在了起跑线上。

综上所述，一定要培养自己的理财意识，收入高的就多做一些安全的投资，收入不理想，就少做一点，但不能不做。

理财，只要能慢慢坚持下来，总有一天你会收到意外之喜，你会庆幸自己当初的明智之举。

　　但刚刚接触理财的中国人，尤其是缺少耐性的青年朋友们，有人会天真地抱有这么一种想法：指望着理财能够帮自己很快地发家致富。

　　小林是某公司职员，最近想学学理财。一方面，他不想让自己辛辛苦苦赚来的钱放在股市里冒风险；另一方面，又想很快地让自己的收入见到很好的回报，思来想去，他在朋友的建议下，买了一支基金。在他看来，基金的低风险与平稳收益对他这种谨慎胆小还想发财的投资者而言，是一个不错的选择。

　　前几个月，他的基金收益还不错，小林每次上网站看他的基金时，都能由衷地感受到财富增长带给他的惊喜。然而，在接下来的三个月里，这支基金开始不断地"跳空"，反复考验着他的心理承受能力，耐住性子的小林坚持认为它是在积蓄力量，酝酿反弹，所以暂时没有采取什么措施。然而，再接下来的好几个月里，小林发现他的这只"鸡"变成了"瘟鸡"，长跌不起，到最后几乎是"破罐子破摔"，再也不理会小林焦灼的目光了。结果，小林刚刚尝到了一点增值的喜悦，就眼看着这支他寄予了厚望的基金一落千丈。遭受损失的小林一气之下，不顾朋友的劝告，立马"杀鸡"，将这支基金低价处理了，并打算从此以后，再也不涉足投资理财了。

　　然而，过了不久，他就尝到了冲动的后果：小林当初买下又抛弃的那支基金奇迹般地咸鱼翻身，一举创下了佳绩，而小林的一时冲动，让他损失的，不仅仅是金钱，更是第一次投资失利的账单。

　　从小林的经历中，我们可以得到这样的教训：不管我们多么地渴求财富，在投资理财的时候都要头脑冷静、踏实稳当。像小林那样，在理财的过程中，想通过快进快出，很快地赚到大钱，是不可取的。想一想的确是很诱人，但是事实和经验告诉我们：从长期来看，严谨有度的理财方法往往收效更佳。

不少人一听投资理财、基金、股票就觉得恐怖，其实完全没有这样的必要。年轻时期是家庭负担较小，也是最能承受风险的时候，拿出小部分的钱试试基金、股票、债券之类的金融产品，也许会遭遇部分损失，但这是提高自己投资理财能力最有效的方法。个人资产的投资增值是我们一生都要面对的问题，当我们没有富裕到可以请专业理财师来打理的时候，请自己动手吧。

有专家曾对此做过科学的研究：同样一种理财产品，你持有1年的话，负收益的可能性占到22%；持有5年的话，负收益的可能性为5%；而持有10年的话，负收益的可能性为0%。其中的原理就在于：任何投资理财都存在一定风险波动，你持有的时间越长，那么风险的波动就会更趋近于它的长期均值，也就是说你的风险会随着时间的延长而被中和掉一部分。当然，前提是你要选对真正有价值的产品，比如，在中国的理财产品中，购买银行或者业绩十分出色的国际企业的股票或基金就更有利于你长期受益。而这就需要我们多了解一些关于理财方面的知识与技能，不断地寻找适合自己的理财方法、方式。

被誉为股神的巴菲特在他的一本书里介绍说，他6岁开始储蓄，每月30美元。到13岁时，已经有了3000美元，他用这3000美元买了一只股票。年年坚持储蓄，年年坚持投资，数十年如一日。80多岁的巴菲特，曾是美国首富，长年占据《福布斯》富人排行榜前三甲。

另外，有理财专家经过长期的观察和调研发现，股票投资虽然向来被视为风险很高的投资领域，但能在股票领域上获利颇丰的投资者，却恰恰是那些坚持长期持有的群体，这和他们对投资产品的深入研究，同时具有长期持有的信念和决心是分不开的，无论市场波动多么剧烈，这些人始终采取持有的策略来应对。

不仅仅是风险程度高的股票，风险程度略低的基金亦是如此，据有关报道称，曾经有基金公司发起过寻访公司原始持有人的活动。调查的结果是，就该公司单只基金的收益来看，原始持有人的获利普遍超过了200%，远高于那些提前赎回或者中间多次交易的投资人的回报水平。

国际上的一项调查表明，几乎100%的人在缺乏理财规划的情况下，一生中损失的财产20%～100%不等。举例来说，有华侨在美国辛苦打拼一辈子，把毕生积蓄存于某家银行，却不幸遭遇这家银行破产，按照当地的法律，政府只保护10万美元以内的存款，其余的全部打了水漂。再举例来说，很多人在世时富甲一方，但去世后遗产税甚巨，子女仅能享受一半的遗产，甚至因为无力支付遗产税而被迫放弃遗产。

所以，作为一个现代人，尤其是具备理财年龄优势的年轻人，应该在一开始，就有个清醒的认识，树立良好的理财心态，总有一天会从中受益。我们不需要达到格雷厄姆或巴菲特那样的大师水准，但弄清楚成熟市场基本的投资哲学和游戏规则，会有助于年轻朋友避免将自己的辛苦钱捐给毫无预期的"市场黑洞"。

一个非职业的投资者，最担心的是投资市场中无所不在的"陷阱"，尤其是隐藏在大肆宣扬的回报率后面的暗箱操作。如果对自己的理财知识不是很有信心的话，最好询问专业的理财投资师或者个人理财顾问，不要自己盲目下决定，这样，才能真正做到"理之有道"。

要知道，理财不是投机，而是细水长流、相对稳健的财富积累。如果我们指望着靠理财而一口吃成个胖子，最后只能是欲速不达，甚至适得其反。

因此，我们并不是只具备了理财的意识就足够了，对自己财产的打理，也要讲究循序渐进、长线操作、稳中求升。理财，需要智慧，更需要耐心。

正确的理财步骤如下：

第一步：要了解和清点自己的资产和负债。我们知道，要想合理地支配自己的金钱，首先要做好预算，而预算的前提是要厘清自己的资产状况，比如，我有多少钱？哪些是必不可少的消费支出？我有多少钱是可以用来理财的？

我们只有对自己的资产状况进行理性分析之后，才能结合自己的需求，做出符合客观实际的理财计划。而要清楚了解自己的资产状况，最简单有效的办法，是要学会记账。

第二步：制定合理的个人理财目标。弄清楚自己最终希望达成的目标是什么，然后将这些目标列成一个清单，越详细越好，再对目标按其重要性进行分类，最后将主要精力放在最重要目标的实现中去。

一般来说，大多数人的理财目标不外以下内容。

①应付意外风险，如失业、意外伤害等，这主要来自于保险或者备用金。

②供给生活开销，这主要来自于工作或者生意所得。

③自我发展的需要，如度假、学习、社交，来源同上。

④退休后的生活供给，来自于保险、退休金。

第三步：通过储蓄、投保打好基础。我们常说盖房子要先打地基，地基牢固，房子才安全，理财也是如此。刚入社会的人，因为有着大把的时间和机会，有着可以冒险的资本，尽可以大胆出击，但是我们在这里还是要强调，开始理财的时候，尤其是对初学理财的年轻朋友，还是以稳健为好。所以，应该以储蓄、保险等理财手段先打牢地基，然后再根据自身的喜好和实际情况，尝试高风险、高回报的理财品种。

第四步：安全投资，随时随地控制风险。什么是安全投资？就是结合自身的条件，比如抗风险能力，找到最适合自己的投资方式。千万不要急功近利，看什么赚钱快、赚得多就做什么。在准备投资之前，最好分析一下自己的风险承受能力，认清自己将要做的投资属于哪种类型的投资,是稳健型投资,还是积极型投资或者是保守型投资等。然后根据自己的条件进行投资组合,让自己的资产在保证安全的前提下最大限度地发挥保值、增值的效用。

第五步:经常学习,改进自己的理财计划。有关权威专业机构曾经对北京、天津、上海、广州4个城市进行了专项调查,调查结果显示,74%的被调查者对个人理财服务很感兴趣,41%的被调查者则表示需要个人理财服务。

出现这种局面的原因是,我国的理财热潮刚刚兴起,理财方面的人才还十分匮乏,目前的从业人员良莠不齐,作为理财投资人,我们自己应该多学一些理财知识,有助于增加自己的鉴别力,不至于盲从上当。

5. 一生读书,一生光明

书读多了,身上的气质可以在不经意间体现出来,"腹有诗书气自华",读书能使人心胸开阔、气度高雅、品格升华,能极大地提高人的社会形象和人生价值。

一个人要想取得成功,他的知识非常重要。只有不断地读书,才能让我们在面对生活和工作时,可以有足够的知识储备供我们随意提取,不仅可以助我们的事业百尺竿头更进一步,还可以交到更多的朋友,积累丰富的人脉。

张董事长在年轻时代从事汽车代理业务,积累了1个亿的财富。后来改行做大型百货超市,财富不断翻番,60多岁时,资产已经近60亿元。

当别人请教他成功的秘诀时，他只是淡淡地说："赚钱其实很简单，我的秘诀就是多读书，不断补充知识，学习、学习、再学习。我的办公室书桌上，永远都会有几本书供我翻阅。"

有一次，他同来一家厂商谈判，这家企业的总裁是位四十几岁的荷兰人。他跟这个总裁聊天，聊到最后，他就问荷兰的总裁："你到底是喜欢打高尔夫球，还是喜欢游泳，或者是慢跑？还是其他的嗜好，比如美术？"

荷兰的总裁说："所有的成功者都是阅读者，所有的领导者都是阅读者，因此，我最喜欢的当然就是阅读。"

对方一讲到阅读，张董事长就兴奋了，因为他本人也非常喜欢读书。后来他就问荷兰总裁："那你最喜欢读哪一方面的书籍？"

荷兰总裁说："我最喜欢研究中国的哲学。"张董事长就问他："你最喜欢读谁的书籍？"他说："我最喜欢读老子的。"张董事长问："你喜欢读老子的什么书？"他说是《道德经》。恰巧张董事长对老子有30年的研究，对老子的整个哲学理念有非常透彻的理解，于是双方谈得越来越投机。

荷兰总裁对张董事长非常地折服，甚至还要拜他为义父，这个合约自然也就签下来了。

成功人士总是利用各种机会来阅读，获得用来帮助自己更快实现目标的想法和洞察力。因为他们深深地懂得，如果能在某一时刻运用到某一关键知识，所产生的结果非同一般。这些知识将为他们节约大量的金钱和时间。

"好书悟后三更月，良友来时四座春。"捧一本好书，品一杯香茗，曾是很多人生活中的享受。然而，近年来，随着生活节奏的加快、工作压力的加大以及网络等新兴媒体的崛起，曾经那个渴望读书的时代，仿佛一去不复返了。参加工作、结婚、生活似乎成了多数人的主旋律，似乎有时间逛街购物，有时间泡网，有时间追电视剧，却唯独没有了时间去读书。

每天为生活而打拼时，其实最不能忘记的事还是读书，没有源源不断的知识动力和精神支撑，我们拿什么去面对竞争呢。只有读书，你才会更容易地融入时代的潮流，跟上社会发展的节拍，才会激情洋溢地投身于工作之中。

只有读书，才能够不断地提升自身素质，才能具有良好的精神境界。没有阅读就没有心灵的成长，就没有人们精神的发育。阅读虽不能改变人生的长度，但它可以改变人生的宽度，阅读不能改变人生的物相，但它可以改变人生的气象。不读书的人生是灰色的，只能让你的精神生活渐渐地枯萎。

一个人无法体验所有的人生经验，但通过读书可以间接地了解人生，用前人的经验充实自己。前人把知识转换为文字，供后人阅读、汲取文字中的营养，使我们今天能够少走弯路，少走错路。

6. 压力大吗？运动帮你消烦恼

"锻炼身体？那是很久以前的事情了。"说起运动和体育锻炼的时候，大部分的人都觉得很遥远，也觉得忙碌的生活中没有时间锻炼身体是很正常的事情。可是，和经常参加体育锻炼的人相比，他们更显得没有活力，甚至是更显得年老。

一项研究显示，运动不仅能够让人们心情畅快，当人们面对精神压力和情绪波动的问题时还能帮助排忧。马里兰大学公共健康学院运动机能学系助理教授史密斯做了一项研究，研究中，参与实验的成员要做一段时长30分钟的休息期，或者是在两天内每天骑30分钟的单车。

这项调查旨在测量活动前后的焦虑程度，接着这些成员会看到一系列关于婴儿、家庭和宠物的美好的图片，也会看到一些令人不快的描述暴力的图片，一些附有盘子、水杯和家具的中性图片也会映入眼帘。随后，他们的焦虑程度将最终得以测出。

调查在他们30分钟的运动或休息之后迅速完成，调查显示在这些情况下降低焦虑程度的影响作用是同等的。然而，在看过那些图片后进行休息的人，焦虑程度上升到了他们的最初点；而那些做运动的人，保持了他们降低焦虑后的程度。

史密斯说："我们发现运动有助于排解情绪释放的影响。如果你去做运动，不仅可以减压，还能在我们面对情绪情感问题时帮助我们更好地控制它。"

37岁的许燕是一家房地产公司的销售经理，平时经常在外跑业务，要不就是在自己的办公室分析数据。虽然，大学时候的她也很爱好体育锻炼，可是参加工作之后就很少运动了。

一次，许燕遇到了大学好友谢静。谢静虽然带着两个孩子，但是和许燕站在一起还是显得很年轻，像不到30岁的女人。

两人交谈的时候，许燕问道："小静，你看起来怎么这么年轻？有什么好的秘诀吗？"谢静当时就笑了，她问许燕："你还在坚持一些运动吗？比如你大学的时候很喜欢的羽毛球。"

许燕愣了一会儿，说道："工作这么忙，年纪也大了，哪还有什么心思打羽毛球啊，最多也就是晚饭后散散步。"

谢静这才说："我以前也是和你一样的，可是我女儿要中考的时候有体育这一项，那段时间为了督促孩子，我也跟着她一起锻炼身体，慢慢地我就觉得比平时更有活力了，而我的精神状态也好了很多，我老公也说我年轻了。许燕你也该运动运动了，体验一下运动带给你的好处。"

"运动？还要去健身房，哪有时间哪有钱啊！"很多人都会觉得锻炼身体就要去健身房，借助一些健身的器材才可以锻炼自己的身体。其实，锻炼身体就要去健身房是一种误解。生活中，锻炼身体的方式有很多种，比如，跑步、打羽毛球、爬楼梯、踢毽子、转呼啦圈等都可以。你可以在上班的路上，午休的时候，晚饭后的空闲时间等一些零碎的时间来锻炼。

锻炼身体不是一朝一夕的事情，需要坚持，而且每个星期锻炼身体也应保持在2~3次。如果可以天天做一定会有很不错的效果，如果一个星期做一次，或者是半个月做一次，那么最后的效果也不会很好。在锻炼身体的时候，也可以选择几项自己喜欢的运动交替的做，比如，游泳、慢跑、瑜伽、舞蹈、体操等。

歌德说过："流水在碰到抵触的地方，才把它的活力解放。"其实，人的活力也是一样的，只有去激发它，它才会更完美地展现出来。所以，想要自己有青春的活力，就需要长期坚持锻炼，把身体内在的活力激发出来。

7. 喜怒哀乐，都少不了音乐的陪伴

生活中，每个人都会有失意的时候，工作的不如意，爱情的失败都会让我们的心灵受到伤害，有人总是将委屈往肚里吞，却毫不清除体内早就过时、或是已经不在乎的旧烦恼。有时候新愁一上心头，连旧恨也跟着牵肠挂肚，越是收藏心事，就越是不快乐。生气的事情越积越多，我们就会慢慢被它压垮，而它一旦占领我们全身，我们就会在不堪重负之下匆忙给它一个出口，一个方向对准我们亲人朋友的出口。抱怨牢骚发脾气恶语伤人没事找事瞎闹腾，结果是伤了别人也悔了自己，一点坏情绪污染了一批人的天空。

上天赋予人类一定分量的欢喜与哀愁，倘若你不懂得用好心情来平衡坏情绪，用新快乐来抚平旧伤痛，那么，就大大地辜负了人类左右情绪的天赋。

对于爱生气的人来说，音乐就是我们最好的解药。一首适合当时心情的歌曲，总会让我们在音乐中找到共鸣，或轻快或缓慢的曲子都会让我们的心灵得到很好的放松，原本那根拉紧的弦也会在音乐的感染下，变得柔软而缓和下来。

音乐可以让我们忘记一切不愉快的事情，忘记痛苦、忘记烦恼、忘记悲伤等。迷茫的人可以在音乐中找到友爱；失意的人可以在音乐中找到坚强；彷徨的人可以在音乐中找到真诚。

乐乐是个懂得发泄的女孩，就算再难过的事情，给她几个小时的时间，那个自信从容的她就会又回来了。

有一次，乐乐本来是可以成功升到主管那个位置的，但是中间出现了一些小插曲。结果她没有升职不说，还差点被开除了，所有的同事都会觉得乐乐第二天不会来上班。

可是第二天见到乐乐神采奕奕地来上班后，很多同事都很吃惊。一些大胆的同事问她是怎么做到的，她笑着说："没什么啊，回到家中把音乐调到最大，放一首自己最喜欢的曲子，慢慢地也就调解过来了。"

当领导看到乐乐的情绪恢复得这么快，也在心里暗暗佩服了一番。没过多久，乐乐因为出色的工作表现也得了升迁。

现在对于很多人来说，一切喜怒哀乐都少不了音乐的陪伴。找不到人生方向的时候，听一首汪峰的《存在》，可以体会人性，在迷失中感受生命的存在；在爱情里受了伤害，郑源的每首情歌都是最好的陪伴；在探索未来的人也可以听一首许巍的《在路上》，来表达自己的当时的心情；即将分别，在朋友远去的那一刻也可以听听水木年华的《启程》，让我们的离别更具有生命的意义……

音乐可以让你变得更有气质，公交车上，那个戴着耳机、呆呆地望着车窗外的场景，也会让我们在瞬间感受到唯美的画面，这个时候的气质是平时怎么都伪装不出来的。咖啡店里那个听着音乐看书的人，也常常会让我们羡慕他（她）安静而优雅的气质。

闲来无事听听音乐，我们的情绪才能日益鲜活，我们的日子也才能日益温馨。

第 七 章

当你真的痛苦时，
没人以为你在无病呻吟

1. 如果需要就哭出来

人在痛苦时都会有哭的感情冲动，这其实是正常的情绪反应。但一些人由于爱面子往往压抑自己，强忍着不哭出来。其实，这种强忍着不哭出来的做法，会给身体带来不良的后果。

强忍泪水，只会加重抑郁，憋出病来。强烈的负面情绪会造成你心理上的高度紧张，而当这种紧张被你压抑下去得不到释放时，势必成为一种积蓄待发的能量，引起机体自主神经系统功能的紊乱，久而久之，会造成身心健康的损害，促成某些疾病的发生与恶化。自然地哭出来，对身体有很多好处。

人体排出眼泪，可以把体内积蓄的导致忧郁的化学物质清除掉，从而减轻心理压力，保持心情舒畅。眼泪可以缓解人的压抑感。测试发现，正常人的泪水是咸的，糖尿病人的泪水是甜的，而悲伤时流出的眼泪，含有更多的荷尔蒙等。人遇到悲伤的事情时，如果能放声痛哭一场，流泪后的心情往往会好受许多，这是由于悲伤引起的毒素通过眼泪已得到排泄的原因。

有一位中年男子，母亲去世，妻子又患了癌症。在数月里，他一直感到胸部疼痛不已，精神抑郁，吃药也不见效，不得不去医院认真地检查。当他把一切告诉医生时，眼里充满泪水，可他还是克制着不让眼泪流下来。医生对他说："你可以在这儿哭，哭出来就好多了。"于是这位中年男子关起门来，足足哭了十多分钟。几天以后，这位男子的胸痛明显减轻了。

由此可见，哭虽然不能从根本上解决问题，但是，适当的哭泣可以缓解紧张情绪，消除积蓄已久的压力或悲伤。

哭对缓解情绪压力是有益的。哭作为一种常见的情绪反应，对人的心理起着一种有效的保护作用。哭一哭，是一种宣泄，心理上因而会轻松痛快些，并会得到一些宽慰。美国心理学家费雷认为，人在悲伤时不哭有害于人体健康。长期不哭的人，患病率要比常哭的人高一倍。男性胃溃疡病和精神分裂症患者大都是强忍不哭者。如果他们该哭就哭，很可能会避免患上这些病。

只要我们认识了眼泪的化学成分，就会知道哭的好处。泪是人体处理体内废物的渠道之一，而且在人因快乐、焦急、沮丧、悲痛、发怒而流泪时，泪液所含的化学成分是各不相同的。女人比男人爱哭，这也与男、女体内所含化学成分不同有关。

由于感情因素流泪和因外部刺激流泪，泪液的化学成分是不同的。前一种泪液中对身体有害的物质含量要多一些，这些物质可能就是人体在紧张的情绪活动时制造的。通过哭，把出于不良情绪产生的有害物质从泪液中排出去，对人体的健康有一定的保护作用。

泪液不但保护着我们的眼睛，在一定程度上也能保护身体的其他部位。除了以上所说缓解压力与病痛以外，哭泣还可以舒畅脾肺、改善容貌、锻炼眼睛。生活中常有这样的事例：突如其来的巨大悲痛，令人难以排解，这时有人劝"哭出声来吧"，结果痛哭一场，往往就会使人从悲痛中解脱出来。人在哭泣后，其情绪强度一般会降低40%。这便解释了为什么哭后的感觉会比哭前要好许多。

当然，任何事情都不能过度。如果过度地哭泣，则对人体有不好的影响。一个人整天哭哭啼啼，会扰乱人体的生理功能，使呼吸、心跳失去规律。有人在大哭之后，白天不思饮食，夜不能寐，这是很伤身体的。《红楼梦》中的林黛玉就是多愁善感的典型，她的爱哭使本来就羸弱多病的身体更加衰弱,以至加速了她的死亡。所以,哭也是要有节制的。只有这样,才有利于身心健康,否则只会有害而无益。

不哭有很多的害处,哭有很多的好处。如果需要就痛快地哭出来!

2. 将压抑"说"出体外

如果人们内心的苦闷和烦恼长期郁积在心头,就会成为沉重的精神负担,这种压力是会损害身心健康的。英国权威心理医学家柯利切尔认为:积贮的烦闷忧郁就像一种势能,若不释放出来,就会像定时炸弹一样,埋伏在心里,一旦触发就会酿成大祸。若及时加以发泄或倾诉,便可少生病,保健康。所谓将压抑"说"出体外,指的就是倾诉,就是将自己的喜怒哀乐,尤其是怒和哀,毫无保留地倾吐出来。这是一种感情的排遣,也是一种心理调节术。

现代医学研究发现,癌症、高血压、心血管等疾病的诱发病因很大一部分就是人的抑郁、焦虑等不良情绪在人体内的长期积压。也就是说,当一个人被心理负担压得透不过气来的时候,就容易患上各种疾病。反之,如果有人真诚而又耐心地来听他的倾诉,他就会有一种如释重负、一吐为快的感觉。因为这种心理上的应激反应,可以使内心的感情和外界刺激取得平衡,这就是现代心理学中所说的"心理呕吐"。

心理专家指出,倾诉是缓解压抑情绪、释放压力非常有效的手段,还是防治各种疾病,尤其是防治心血管病和肿瘤的良药。善于倾诉的人,心理往往更趋于健康。

但是,有很多人并不愿意将自己的不快倾诉给别人,在他们看来,向别人诉苦是懦弱、无能的表现，有可能会引起别人的嘲笑；如果对方对你所倾诉的内容不感兴趣、不关心、不理解，你想获得心理安慰的希望也就落空了，不但原有的问题没能解决，还会徒增新的苦恼。他们担心把自己的秘密告诉别人会有安全隐患，说不定有一天倾听者会把你的事情当作茶余饭后的谈资公布于众。

余建和女友刚刚分手，内心很痛苦，一次同事聚会他喝醉后，和一个同事提起这件事，没想到那个同事竟然嘲笑他把感情看得太重，不是男子汉。还同另一个同事一起笑他。余建觉得更加愤懑，他从此更不敢对别人提这件事了，不久，他的前女友与另外一个男子结婚了，余建深受打击，甚至有了轻生的念头。

类似的感情经历很多人都碰到过。余建的倾诉法不仅没能起到缓解伤痛的作用，反而让他越加苦恼了，其重要的原因就在于，他没有选择好倾诉的对象。并不是所有人都可以成为你的倾诉对象的。相信如果你选对了倾诉对象，结果就完全不一样了。那么，该如何选择合适的倾诉对象呢？

第一，此人必须是值得信赖的，能够为你保密，不会做你的"义务宣传员"。

第二，此人可以不作任何评价，仅仅为你提供一个包容的环境，做一个宽容的听众，他会认真地听你说话，不论你说出怎样的想法，他都认为是可以接受和理解的，这就会让你有一种安全感，可以自由地表达自己的想法，说不定还会引起你自己的思考，有利于你换一个角度看问题。

第三，此人会给你一些真诚的鼓励，比如"没事的，有我在呢""不要怕，没有你想得那么难""别多想了，爱你的人还有很多""千万别这么想,这种困难很快就会过去的""再坚持一下,也许过了今天就会好点"。这些看似简单的话,在倾诉者心里能起到意想不到的积极作用。

第四,此人也可以帮你分析产生不良情绪的原因,换一个新的角度来看待你痛苦的经历,并提供一些积极的观点,进而和你一起找出解决问题的办法,这样你的情绪就能得到有效的调节,你也会从中得到成长和超越。

第五,最有效又安全的倾诉对象,就是心理医生。心理医生的职业道德要求他们为咨询人员的隐私保密。而且,心理医生一般情况下是与你的生活圈没有一点重合的陌生人,没有必要去四处宣扬你的隐私。此外,他们还能从专业的角度给你一些指导。在心理咨询时,医生大部分时间是在听。患者在宣泄一顿情绪后,病情就能缓解了一大半,此时医生再适当进行一些暗示和引异,压力就会减小很多。

除了保证合适的倾听者之外,还要注意时机,切不可只顾自己的需要,不顾对方的感受。你最好先问一声"最近很烦,想和你聊聊天,你有空吗"得到肯定回答后再说不迟。最好不要在会有熟人出现的地方交谈,交谈前最好能消除一切可能会引起干扰的因素,哪怕是一只听不懂话的小狗也不要。总之,要保证谈话的私密性,以保证双方能在交谈过程中专注在这件事情上。

在"宣泄"完毕的时候,你还要记得一定要对对方表示谢意,毕竟你占用了别人的时间,获得了别人的帮助。另外,还有一项非常重要的提示:千万别把自己变成"祥林嫂"。绝不要把自己的痛苦和烦恼廉价地贩卖给每一个人,否则你会遭受同"祥林嫂"一样的命运,旁人的麻木、鄙夷和敬而远之。

3. 借助想象转移注意力

纳斯美瑟少校是高尔夫球爱好者，他曾经在越南的战俘营度过了
七年。七年间，他被关在一个只有4尺半高、5尺长的笼子里。绝大部
分的时间他都被囚禁着，看不到任何人，没有人说话，更不可能有任
何体能活动。七年后，他复出了，当他第一次踏上高尔夫球场时，他
竟打出了令所有人惊讶的74杆！比他自己以前打的平均成绩还好一些，
而他已经七年未上场了。不止如此，他的身体状况也比七年前好。这
引起了很多人的好奇，纳斯美瑟少校的秘密何在？大家都想知道他是
怎么做到的。

原来，这七年间纳斯美瑟少校为了改变被囚禁的郁闷心情，想出
了一种特殊的减压方法。刚开始时，他什么也没做，每天只祈求着赶
快脱身。后来他清醒地意识到，他必须找到某种方式，使之占据心灵，
不然他会发疯或死掉，于是他尝试着建立"心像"。

他选择了自己最喜欢的高尔夫球，并坚持每天在心里"打"高尔
夫球。每天，他在梦想中的高尔夫乡村俱乐部打18洞。他在想象中体
验了一切，包括平时被忽略的细节。他想象着自己穿着高尔夫球装，
戴着太阳镜，呼吸着空气的芬芳和草的香气。他还体验了不同的天气
状况，暖洋洋的春天、阴沉昏暗的冬天和阳光普照的夏日早晨。在他
的想象中，球杆、草、树、鸣叫的鸟、跳来跳去的松鼠、球场的地形都
历历在目，这些想象让他陶醉，让他感到美好，甚至有点兴奋。不一
会儿，他感觉自己的手握着球杆，练习各种推杆与挥杆的技巧。开始
打球时，他想象球落在修整过的草坪上，跳了几下，滚到他所选择的

特定点上，他为此感到很有成就感。打完18洞的时间和现实中一样，一个细节也不省略。他一次都没有错过挥杆左曲球、右曲球和推杆的机会，这一切每天都在他心中发生。

以前他打得和一般在周末才练球的人差不多，水准在中下游之间，90杆左右。而现在，每周7天，每天4个小时，18个洞。七年后，他打出了74杆的成绩。而他的进步无疑得益于他所创造的"心像"法。

与"心像"法有异曲同工之妙的还有"想象疗法"，精神心理学研究证明，大脑与人体之间存在着某种尚未被人了解的渠道，这个渠道起着思维活动与免疫系统之间互相联系的作用。"想象疗法"能强化免疫系统的功能，有效地抑制疾病的发展，使疾病好转而痊愈，还能促使人的心情愉悦。

为什么"想象疗法"会有如此神奇的治疗作用呢？

原来，"想象疗法"的秘诀在于让患者转移注意力，建立一种信心，使患者看到希望，增强战胜病魔的勇气。运用"想象疗法"会治愈许多慢性病，在养生方面，想象的作用更是不可低估。"想象养生"，就是通过想象各种不同的自己喜欢的情境来放松精神，舒缓压力，愉悦身心。比如，想象蔚蓝的天空、悠悠的白云、七彩的霞光、碧绿的草地、清澈的小河、青山幽谷、一望无际的麦田、甘甜的泉水。这些想象，都能给人以温暖、悠闲、安宁和美好的感觉……以上列举只是想象疗法中的一小部分内容，你也可以结合自己的体会，尽量想象能愉悦身心的事物，用来调节情绪和放松精神，达到健康心理的目的。

比如，你可以"假装"对工作有兴趣，想象着自己正在做的是一件非常快乐的事，可别小看这一点点"假设"，它可能立刻让你减少疲劳、忧虑、烦闷之感，还有助你疏解身心的压力。

有一个职员，对工作很麻木，每天把工作当成"讨厌的任务"，有一天，公司老板坚持要她把一份商业计划书重做一遍。她非常生气，但为了不失去这份工作她还是去做了，心理的烦躁使她越来越不能安心工作。这时她想起朋友对她的劝告"假装喜欢你的工作你就会很快乐"，她按着此方法做了。接着她有了一个重大的发现，当她"假装"喜欢自己的工作，并把它当成一件有意思的事情去做的时候，竟然真的平静了许多，而且还越发认真起来，工作速度也明显加快了，原来的那种疲劳、紧张和烦躁的心绪也逐渐消失了。

我们生活在这个世界上，不可能事事如意，当我们无力改变既成事实时，就试着放飞自己的思想吧。展开你想象的翅膀，让你的思绪随风飞扬，用正面的"心像"开放你的潜能。想象自己正在做快乐的事，想象自己是个快乐的人，你的心情会因此轻松起来，你的压力也会变得轻了许多。

总之，你的一切都可能因此好起来。久而久之，你一定会得到一些意想不到的收获。

4. 点亮心灯，黑暗自然就会逃走

我们之所以沉溺于悲伤，看不见光明，是因为我们忘记了打开窗户，光线自然照不进来；我们之所以时常茫然，时常丢失了自己，是因为忘记了享受阳光。不管生活对我们仁慈还是残酷，都是生活的给予。就因为是给，而不是取，所以我们都要去面对。

只要打开心灵的窗户，就有灿烂的阳光照进来！人生如四季有严寒与酷暑，人生如天气有晴朗与风雨，人生如道路有平坦与崎岖，但无论何时，把光明放进心中，就不会感到悲伤、抑郁。

一个悲观的女士去拜访一个乐观的女士。快走到时，悲观女士看到了一扇漂亮的旋转门，她轻轻一推，门就旋转起来，她随着玻璃门转进去，见乐观女士正站着等她。

悲观女士虔诚地问："我今天来是想向您请教，快乐有什么窍门。"乐观女士用手一指她的身后："就是你身后这扇门。"

悲观女士回过头去，看见刚才自己走过的那扇旋转门，门正慢慢地旋转着，把外面的人带进来，把里面的人送出去。两边的人都顺着同一个方向进进出出，谁也不影响谁。

我们每个人的心里都有一扇门，不过材料不同罢了。有的人是带锁的木门，成功快乐时就打开，而失败痛苦时就关闭，把自己锁在黑暗里；有的人是旋转的玻璃门，不管成功还是失败，快乐还是痛苦，总是让自己的心灵之门旋转起来，把失败和痛苦旋转出去，让希望和未来旋转进来；有的人是一扇永远打不开的铁门，阳光照不进去，所以他们的内心就一直沉浸在黑暗之中。

人需要自由和向上的生活，需要阳光给我们带来生命的气息。不要再去思考人活着究竟有何意义，不要再因烦琐的工作而耽误你享受阳光的时间。生活需要阳光，请把窗户打开，让阳光洒进来！

黄祯和丈夫一直过着拮据的生活，他们有两个孩子。可是，丈夫忽然患了癌症，为了支付昂贵的治疗费用，她不仅花光了家里仅有的一点存款，而且还借了许多外债，可是最终仍然没能挽回丈夫的生命。丈夫去世后,家里已经是一贫如洗,黄祯不得不努力赚钱养活自己和两个孩子。她以分期付款的方式买了一部旧车,去为一家出版公司推销图书,没有固定薪水,全靠业务提成,收入毫无保障。

黄祯觉得孤独、沮丧,每天有一百个担心:怕付不起购车贷款,怕交不起房租,怕没有足够的东西吃,怕付不起孩子的学费,怕突然生病而无钱看医生……她觉得生活毫无希望,想自杀以寻求解脱,但又怕孩子沦为可怜的孤儿。她真不知道如何打发每天了无生趣的日子。

有一天,黄祯在一本书上看到了后来改变她命运的一句话:"对一个聪明人来说,主动打开窗让阳光照进来,那么每天都会有一个新的生命。"她忽然醒悟,自己一直活在昨天的不幸和明天的恐惧中,反而忽略了今天。

黄祯因为这句话激动了半天,她将其打印出来,贴在床头一份,贴在车子前面的挡风玻璃上一份。每天,起床的时候,她就对自己说:"今天又是一个新的生命!"每天开车上路的时候,她也会对自己说:"今天是多么美好的一天。"然后满怀希望地上路。

渐渐地,黄祯学会了忘记过去,不想未来,只想如何做好眼前的每一件事情。她逐渐开朗起来,笑容和乐观也感染了她的客户,销售业绩和个人收入成倍增长,她还清了欠债,经济状况得到了很好的改善。后来,她还遇到了一个好男人,重新披上婚纱,过上了幸福的生活。

也许有的人会说,生活对我来说充满曲折和坎坷,磨难一个接着一个,幸福于我总是遥不可及,我怎么可能拥有快乐,怎么能不发脾气呢?其实快乐与人生的顺境和逆境无关,只与人的愿望和努力的方向有关。

你也许有一个不幸的童年:幼年丧父或丧母,甚至是一个父母双亡的孤儿,可是你幼小的心灵里充满了不甘示弱的倔强。你当哭就哭，当笑就笑，用一种勤奋和韧性代替了心中的幽怨和委屈，就像磐石底下拱出的一棵嫩芽，不停地将弯弯曲曲的细长身体顽强地向上伸展着，去竭力争取得到阳光雨露的滋润，于是嫩芽的根在挣扎着生长的过程中深深地植入大地的胸膛，饱饮泉水和养分；嫩芽的躯干和枝叶迎着灿烂的阳光茁壮而蓬勃地繁茂着；即便是在风雨中嫩芽也在不停地歌唱。所以童年不幸的你，完全可以像这棵嫩芽一样，用坚强和乐观洗去脸上的阴郁和眸子里的泪光，一步一步扎实地向前走，最后你一定会长成一棵参天大树。

也许你在情感的道路上突然遭受了一场严重的伤害，你的心被摧残得支离破碎，你觉得自己的灵魂已经飞走了一半，但是只要你心中还有一丝快乐残存，那么它就会慢慢治愈你心头的创伤，使你那颗被情爱迷惑的心重新复苏，让你感觉到天涯处处有芳草，快乐会帮助你重新找到属于你的爱。

也许健康的你突然遇到一场飞来横祸；也许原本家财万贯的你突然破产，一夜间变成了个一贫如洗的穷光蛋；也许聪明好学的你高考失利……总之世事无常，命运多舛，任何人都可能在任何时间和地点，遭受到不同的打击和挫折，但是，任何事情的本身都没有快乐和痛苦之分，快乐和痛苦是我们对这件事情的感受，同一件事情，你从不同角度来看待，就会有不同的感受。

比如兢兢业业工作着的你突然失业，你可以抱怨命运的不公平，可以痛恨上司的无情，可以痛苦，觉得一筹莫展。但你也可以这样想：命运又成就了我一次选择职业的机会，也许从此我的生活会变得比以前更充实、更富裕。于是你心情轻松地踏上了求职的道路，一切的不愉快都不必挂在心头，更无须梗阻于喉，那样只能伤害身体，酿成顽疾。你要相信，面包会有的，牛奶会有的，而工作当然也是会有的，一切都会有的。

再比如，你不小心丢失了一件价格不菲的皮大衣，你可以对自己的粗心懊悔不已，可以对拾金而昧者耿耿于怀，但是你也可以这样宽慰自己：从此一个衣衫褴褛的穷人不再惧怕冬天的严寒了，于是你就有了一种助人为乐后的快慰。既然一切都不会失而复得，也就财去人安吧！

再比如，孩子拆坏了你精心收藏的一块钟表，你可以痛心疾首地揍孩子一顿，于是孩子哭、大人骂，家里顿时硝烟弥漫，可是你是不是也可以在片刻的痛心之后，马上这样一想：孩子在实践中又长了见识，于是你亲切地摸摸孩子的头："你能把它再重新装起来吗？"笑一笑，自己乐，孩子乐，何乐而不为？

事本无异，不同的是心态。

5. 将职场看作一个快乐的天堂

不知道从什么时候起，你发现自己出现了"自我分离"的状态。出现在众人面前的时候，你微笑着的表情、穿戴整齐的打扮，及对待工作一丝不苟的态度，让大家觉得你是一个快乐且心态平和的人。而只有你自己知道，其实很多时候，你都是不快乐的。你心事重重，因为你觉得自己空虚；你百无聊赖，因为你觉得自己没钱；你天天做梦能住上豪华的房子，能中大奖……于是，你的工作成了鸡肋，食之无味！

其实，畅快聊天的时候，大口喝酒的时候，大声唱歌的时候，看一本好书、一部好电影的时候，听一首好歌的时候……你都可以那样快乐。但是，你还没有调整好自己的心态，不懂得发现工作中的快乐。

相当多的职场人士将这种不快乐的心情互相影响，使大家都感到"累"。但其实，职场中人都明白，最主要的"累"不是因为工作紧张与压力，而是"心"苦、"心"累，下属反叛、领导压制、同事之间钩心斗角。

其实，如果你仔细想想，以上情况是不是只有职场中才有呢？我们身边不是也经常有这样的事情发生吗？若你不置身于职场，就不会如此闹心了吗？如果你将职场看作一个快乐的天堂，你就会发现，职场里有很多美妙的快乐等着你分享！

做一名快乐的职场人，你首先需要积极参与到职场中来。要知道，胜败与否不重要，积极参与是关键。

为了更愉快地生活，首先要愉快地面对办公室政治。对此，心理学家表示，只要办公室存在，你就无法逃避办公室政治。亚里士多德在两三千年以前就与众人分享他的智慧：人生来就是政治的动物。很多刚走出校门的同学对办公室政治很反感，其实这没有什么可反感的，如果你用一颗正常的心来看待这件事，你就会发现，办公室政治也许不像你想象中那么可怕。在办公室中，有政治行为是常态，没有政治活动才奇怪。如果你闭上眼睛漠视办公室政治的存在，就如同关上电视拒绝看台风来袭般的不智，因为你迟早会被卷入其中，有所准备，才有存活的机会。

千万不要以为你周围的人每天都在想一些让你无法琢磨的诡计。其实，在你们面临同样的工作，彼此之间有竞争的时候，钩心斗角是不可避免的，而你面临的挑战是找到一个方法，游刃有余地控制并且试着享受。

一位办公室政治专栏作家一针见血地说："办公室政治这场游戏，要是你不愿下场，那就不要抱怨升职无期、薪金原地踏步、人家对你视若无睹，甚至职位被裁掉。"因此，在办公室里，不要"假清高"，如果你不玩办公室游戏，那么就等于你自动认输了！你不玩，连期待输赢的权利都没有了，生活不也同样没有乐趣了吗？

放下所有的不屑和无奈，享受办公室政治是在其中斡旋的最高明的想法。再或者你可以这样想：办公室政治不过是多结交应交的朋友，少在同事间结怨。看别人钩心斗角就算是每天上演的免费电影；电影看多了，自己也有当些小配角娱乐他人的必要；也许有一天你会被推上主角的位置，可是电影看得多了，一切了然于胸，你就能享受地扮演自己所扮演的角色。人生本来就是演戏，演得好或者不好都无所谓，享受自己的办公室生活吧。

其次，对于工作你没有办法选择，但是你却可以选择改变自己的态度。比如，面对自己总是出问题的工作，你就当是积累经验吧。要知道，不管是工作还是生活，每个人都会有一些惨淡的经历，这些经历足以让我们沮丧，感到这个世界简直是糟糕透顶了。但是，那些勇敢的人往往会用孟子的那段话来激励自己："天将降大任于斯人也，必先苦其心智……"因此，这些又算什么呢？

如果和《鱼》的主人公玛丽·简比起来，你简直是太幸运了。

玛丽·简深爱的丈夫因病去世，留下一大笔拖欠的医药费和两个年幼的孩子，更糟糕的是，她接手了一个"反应迟钝、争权夺利、贫乏消极"的团队。对于工作的环境，玛丽·简在日记中记录道："工作中发生的任何情况都不能使他们兴奋起来，我下面有30名员工，其中多数做事缓慢、工作不饱和、工资很低。他们中有些人好几年都是按同样的方法重复着节奏缓慢的工作，简直是无聊至极。当我在小工作间走动时，空气中所有的氧气都好像被抽走了，令人几乎不能呼吸……"

一次午餐时间，为了逃避"三楼"那令人窒息的气氛，玛丽·简离开了办公大楼。闲逛中，走进了派克街鱼市，这里充溢着的快乐情绪与充满活力的气氛深深地打动了玛丽·简。

一个叫罗尼尔的鱼贩子向她讲述了这里的曾经和现在,她才了解到派克街鱼市也曾经和其他市场一样,重复着简单的工作和百无聊赖的时光,但一次讨论改变了这一切,并使得派克街成为世界著名的旅游胜地。

此后,在反复的接触中,玛丽·简从鱼市学到了几条重要的经验。其中一条就是选择自己的态度,即使你无法选择工作本身,你可以选择采用什么方式工作:用玩的心情对待你的工作,快乐每一天;带着阳光、带着幽默、带着愉快的心情对待每一个人;把你的注意力集中在快乐的工作上,就会产生一连串积极的情感交流。

如果你还不服气,可以问问自己是不是有时会说这样的话:"我很讨厌这个上司""我觉得他很烦"……可是,你想过没有,这样的话很可能把你的职场生活搅乱。工作是你的,他跟你有什么相关?既然你那么讨厌他,为什么又因为他的存在而浪费掉自己积累经验的宝贵时机呢?

凡成大业者,必重"天时、地利、人和"三要素,没有良好的人际关系,在哪里都是无法生存的。能否愉快地工作除了你对工作的兴趣外,很大程度上取决于职场人际关系的好坏。人际关系好的人,整天乐呵呵,人人都愿意为他效劳。因此,在职场上你就不要用"合则来,不合则去"的随意态度来对待人际关系了。

只要你放弃以自我为中心的想法,放弃对他人的猜测和种种抱怨。意见没有绝对的对与错,任何事情都要经过切磋琢磨,才能得出最理想的结果。如此,你才能赢得大家的喜爱和尊敬;如此,你才能真正快乐起来!

6. 学会自己娱乐自己

虽然我们不能改变周遭的世界，但是我们可以用慈悲心和智慧心来面对这一切。用积极的心态处世，所谓"兵来将挡水来土掩"，不被世事沉浮影响了心境，做到"无喜无忧"，也就是有好事不过度狂喜，有坏事不过度惆怅。

欢喜要从哪里来？慧思禅师说："但向己求，莫从他觅，觅即不得，得亦不真。"意思是说欢喜要靠我们自己去创造，不能指望别人给予。《易传》里说："乐天知命，故不忧。"人的一生充满着烦恼、忧愁，那么就需要"不忧"来消解这些烦恼忧愁。生活纵然是风波不断，有的时候忧愁、苦闷全都找上门来，当我们面对这些无可奈何的时候，不要沮丧放弃，我们可以自己寻找生活的惊喜，寻找生活中的一抹亮色，让灰色的人生增光添彩。

有个小和尚很小的时候就上了山，陪在师父身边，两个人在庙里度过了好几年的时光。渐渐地，小和尚开始觉得有些寂寞，山上的景色他已经看了个遍，想去山下看看大千世界，但是小和尚又不敢跟师父说，于是就整天愁眉苦脸的，师父不在的时候就唉声叹气的，做什么都提不起兴趣。

小和尚以为师父不知道自己的心事，但师父一眼就知道小和尚是动了"凡心"，导致不能安心学佛，于是在一天清晨，师父叫来了小和尚，对他说："为师想要吃些新鲜的果子，你去后山帮为师摘一些回来。"

小和尚点点头，不明白师父为什么突然之间想要吃果子。小和尚穿林过河，来到了后山，找了几种不同的果子，带回来给师父。可师父看到果子的时候却摇摇头，说："这果子我不爱吃，重新摘吧。"

小和尚很纳闷，师父怎么挑起食来，他教导过自己不能挑食的啊。小和尚再次到了后山，精心挑选了几种甜美多汁的果子，没想到师父又摇摇头，说："这果子还酸，为师不要。"

第三次踏上后山的小和尚，失去了所有的耐心，躺在一片青草里，看着天空和远处的树林，想不通师父今天为什么如此奇怪。渐渐地，周围的风景把他迷住了，他越看越入迷，一直看到了天黑。

回来后，师父满意地点点头，说："你终于懂得了欣赏，寺里生活枯燥，正需要一些欣赏的眼光才能够坚持下去啊。"

欢喜与否取决于我们的心境，世界上没有绝对不好的东西，也没有什么绝对的欢喜。心里装满了欢喜，粗茶淡饭，也会觉得是人间难得的美味；内心装满了欢喜，就是路上堵车，也会以欣赏的眼光观看道旁的风景。这就是欢喜的好处，让我们时刻保持愉悦。

生活不易，我们要学会娱乐自己。这种生活态度能够让我们更好地保持一种平和愉悦的心情，用心态屏蔽烦恼是最简单直接的方式，随时随地保持欢喜之心，对别人的一切都以欢喜之心来包容。哪怕生活再艰苦，再让人难熬，我们也有一颗在生活的大风浪里不让我们落于下风的欢喜之心。

7. 微笑是人生最好的名片

生活并没有拖欠我们任何东西，所以没有必要总苦着脸。应对生活充满感激，至少，它给了我们生命，给了我们生存的空间。

微笑是对生活的一种态度，跟贫富、地位、处境没有必然的联系。一个富翁可能整天忧心忡忡，而一个穷人可能心情舒畅；一位处境顺利的人可能会愁眉不展，一位身处逆境的人可能会面带微笑……

一个人的情绪受环境的影响，这是很正常的，但你苦着脸对处境并不会有任何的改变，相反，如果微笑着去生活，那会增加亲和力，别人更乐于跟你交往，得到的机会也会更多。

微笑发自内心，不卑不亢，既不是对弱者的愚弄，也不是对强者的奉承。奉承时的笑容，是一种假笑，而面具是不会长久的，一旦有机会，他们便会摘下面具，露出本来的面目。

威廉·史坦哈已经结婚18年了，在这些年里，从早上起床，到他要上班的时候，他很少对自己的太太微笑，或对她说上几句话。史坦哈觉得自己是最闷闷不乐的人。

后来，在史坦哈参加的继续教育培训班中，他被要求以"微笑的经验"为题发表一段谈话。可是他并没有经验，为此他决定试一个星期看看。

在那一个星期里，史坦哈要去上班的时候，就会对大楼的电梯管理员微笑着说一声"早安"；微笑地跟大楼门口的警卫打招呼；他对地铁的检票小姐微笑；当他站在交易所时，他对那些以前从没见过自己微笑的人微笑。

史坦哈很快就发现,每一个人也对他报以微笑。他以一种愉悦的态度,来对待那些满肚子牢骚的人。他一面听着他们的牢骚,一面微笑着,于是问题就容易解决了。史坦哈发现微笑带给了自己更多的收入。

史坦哈跟另一位经纪人合用一间办公室,对方的职员之一是个很讨人喜欢的年轻人。史坦哈告诉那位年轻人最近自己在微笑方面的体会和收获,并声称自己为所得到的结果而高兴。那位年轻人承认说:"我最初跟您共用办公室的时候,我认为您是一个非常闷闷不乐的人。直到最近,我才改变看法:当您微笑的时候,也充满了温暖,让人想靠近。"

你的笑容就是你好意的信使,你的笑容能照亮所有看到它的人。对那些整天都皱眉头、愁容满面、忧心忡忡的人来说,你的笑容就像穿过乌云的太阳;尤其对那些受到上司、客户、老师、父母或子女压力的人,一个笑容能帮助他们看到一切都是有希望的,这个世界是有欢乐的。

世界上的每一个人,都要追求幸福。我想告诉你一个可以得到幸福的可靠方法,那就是控制你的思想。幸福并不是依靠外在的情况,而是依靠内在的努力。记住:微笑能改变你的生活。

如果你不喜欢微笑,那怎么办呢?那就强迫你自己微笑。如果你是一个人,就强迫自己吹口哨或哼一曲,表现出你似乎已经很快乐,这就容易使你快乐了。

微笑没有目的,无论是对上司,还是对门卫,笑容都是一样的。微笑是对他人的尊重,同时是对生活的尊重。微笑是有"回报"的,人际关系就像物理学上所说的力的平衡,你怎样对别人,别人就会怎样对你,你对别人的微笑越多,别人对你的微笑也会越多。

在受到别人的曲解后，你可以选择暴怒，也可以选择微笑。通常微笑的力量会更大，因为微笑会震撼对方的心灵，显露出来的豁达气度让对方觉得自己渺小、丑陋。

清者自清，浊者自浊。有时候过多的解释、争执是没有必要的。对于那些无理取闹、蓄意诋毁的人，给他一个微笑，剩下的事就让时间去证明好了。

微笑发自内心，无法伪装。保持"微笑"的心态，人生会更加美好。人生中有挫折有失败，也有误解，那是很正常的，要想生活中一片坦途，那么首先就应清除心中的障碍。微笑的实质便是爱，懂得爱的人，一定不会是平庸的。

微笑是人生最好的名片，谁不希望跟一个乐观向上的人交朋友呢？微笑能给自己一种信心，也能给别人一种信心，从而更好地激发潜能。

微笑是朋友间最好的语言，一个自然流露的微笑，胜过千言万语。无论是初次谋面也好，相识已久也好，微笑能拉近人与人之间的距离，让彼此之间备感温暖。

第 八 章

认了吧，
这点委屈不算什么

1. 吃得亏中亏，方为人上人

吃亏是福，难得糊涂是一种非常重要的处世哲学。看好时局，大丈夫更应该能屈能伸。认清形势、权衡利弊，灵活应对才是更重要的方法。眼前的亏如果不得不吃，那就勇敢地吃一吃，这样才能够换取更多的利益和天地。

如今的社会更要求如此。社会越来越复杂，很多时候，即使我们不惹到任何人，许多事情也会主动找上门来。人心越来越难测，很多时候，即使我们谨慎处事、真诚待人，也难免不被人找碴、刁难，而且手段也越来越"高明"。很多时候，即使我们已经非常尽力，但是也可能会与人在发生冲突的时候不小心受伤。我们仿佛总在吃亏、憋气，所以很多人就会想要站出来好好发泄一番。可是，想一想后果，我们更应该选择"不逞一时之勇"。

其实，很多时候，我们并没有吃亏。与对方大动干戈，并非真的无法忍受，通常都只因为面子的问题。敢于迎接挑战是一种壮举，但是如果在不适宜的情况下，这却是一种非常不明智的做法。俗话说：小不忍则乱大谋。当我们该忍耐的时候，必须要按捺住自己冲动的意气用事，否则"不吃眼前小亏，就要吃日后大亏"。

吃眼前之亏，既不是懦弱的表现，也不是无能的体现。很多情况下，它是一种睿智，是一种魄力，是一种超脱和境界。

清末民初时期，北京城有个有名的绸缎店，因为一场意外的大火毁掉了，包括往来的账目。第二天，店老板贴出一张告示说："因本店的账目已烧毁，凡欠我的钱可以不还，我欠别人的只要有凭据照样兑现。"这样的处理方法，很明显会让绸缎店吃大亏，可是后来这个绸缎店却因此事而名声大震。因为他的诚信，许多人都慕名而来与他做生意。很快这个绸缎店又恢复了生机，生意比失火前还要好得多。

"祸兮福所倚，福兮祸所伏。"就是说事物的发展能产生两个极端的转化，世上的任何事情都是有失有得。这个绸缎店失火后的举措如同做了一个活广告，在经济上暂时吃了亏，但却赢得了人们的信任，从而东山再起。

真正有智慧的人，不在乎"装傻充愣"的表面性吃亏，而是看重实质性的"福利"。

男儿膝下有黄金，不可做有违尊严的事情。向别人下跪这种事情，常被人们看作是一个男子汉所不能为、不该为的。如此说来，胯下之辱就更是不可接受的。可是，大将军韩信却是坦然面对并接受了这份被他看作恩赐的屈辱。

汉时开国大将军韩信，统领三军、叱咤风云，为刘邦建功业，统一天下立下了汗马功劳。可是，他幼年却非常不幸。韩信很小的时候就失去了父母，主要靠钓鱼换钱维持生活，经常受一位靠漂洗丝绵为生的老妇人的施舍，屡屡遭到周围人的歧视和冷遇。一次，一群恶少当众羞辱韩信。其中一人对韩信说："你虽然长得又高又大，喜欢带刀佩剑，其实你胆子小得很。有本事的话，你敢用你的佩剑来刺我吗？如果不敢，就从我的裤裆下钻过去。"韩信自知形单影只，硬拼肯定吃亏。于是，当着众人的面，从那个人的裤裆下钻了过去。

很多人都笑话韩信是因为害怕才这样做的，嘲笑他懦弱。但是，事实却并非如此。韩信忍受胯下之辱，只是权衡利弊后所做出的明智选择。后来，他当了大将军，成就了人生大业的时候，还寻找到了当年侮辱他的人。众人都以为韩信是要报仇雪恨，可是，出人意料的是，韩信并不是来报仇的，他给了那人很多金钱，感谢他当年的侮辱：若不是当年的侮辱，他不可能取得那么大的成就。

韩信能够成为一代大将军，就说明他并非胆小之人，也并非没有骨气之人，更不是愚钝的武夫。若是当年他没有吃眼前亏，一气之下将那个侮辱他的人刺杀了，那么他肯定会入狱或者被一群恶少杀死，白白葬送掉自己的身家性命。那么，他日后的成就就将无从谈起，正是韩信的聪明和睿智才使他有之后的机会。

一代名人都能忍受不耻，你是不是也应该明智一点，遇到故意挑衅之人，忍辱吃一些小亏呢？小亏，是较之会出现的大亏而言的。现在看着可能无法接受，但是到以后我们遇到大亏的时候，你可能会后悔今日没有忍耐一下了。

当然，有的时候我们会觉得自己所面对的眼前亏如天大，不可接受。这个时候，请想一想韩信的胯下之辱吧。吃得亏中亏，方为人上人。你的气魄能助你成为怎样的人上人呢？

如今的我们，面对纷繁复杂的社会，各式各样的人，面对眼前亏是再普通不过的事情了。可是，我们却无法面对，或由于气愤而无法接受，或不够豁达而无法忍耐等。结果等到酿成了后悔莫及的大问题，已经无法弥补的时候我们才意识到当初应该退一步。

"好汉"不是"逞能""面子"的代名词。一般而言，"好汉"都能勇敢地面对任何事物，冷静地看待云卷云舒，平静地看待自己的得失。面对眼前亏，他们审视自己的处境；面对眼前亏，他们权衡利弊。俗话说："将军额头可跑马，宰相肚里能撑船"，让我们也拥有这样的魄力，勇于、善于吃眼前之不吃不可的亏。

2. 放弃不是失掉幸福，而是成就完美

世事不能尽如人意，相信每个人都会为了使某种事物更完美而选择放弃。

放弃不是失掉幸福，而是成就完美，获得经过淘洗的完美。人生不能追求绝对的完美，但我们可以追求经过放弃的完美。

希望和美好，就是在放弃中滋生，进而得以重生的。在我们放弃美丽的时候，或许能重新获得幸福，因为放弃，也是一种美丽。

从小到大，我们受到的教育、鼓励都是坚持到底、永不放弃等。其实，"固守""坚持"二字在有些时候并不是明智的做法。世间万物，纷繁复杂，没有所谓绝对正确的固定法则，坚持的法则也是如此。适当的、必要的坚持非常重要，但是若不分情况地一味坚持，那么坚持就不再是坚持，而是顽固不化，最终达到的目的地也并不是心中所梦想的境界，甚至可能成为自己的墓地。

其实，通常情况下，我们的坚持都带有一定的盲目性。我们所坚持的往往只是自己一味地强求，或者说是自欺欺人。

《卧虎藏龙》中有这样一句话：把手握紧，里面什么都没有，把手放开，你会得到一切。这句话真的很有哲理，仔细咀嚼你会发现，它不仅道出了人们固守的"病"态，还点出了人们苦守的心态，以及给出愚钝的坚持需要放下的方法。其实适时的放弃更是一种坚持，果断的撒手更是一种智慧，必要的时候，让我们主动地撒手。只有放弃喧嚣，才可拥有心灵的宁静；只有克服心中的强求，才可得到心灵的恬淡。

在这个处处面临选择的世界中，"放弃""撒手"是一门与"坚持"有着同等重要意义的课程，这不仅是一门艺术，还是一门技术，需要我们好好研读。

很多时候，我们并不能够按照自己心中的想法做事情。做事情除了主观的努力，还存在客观的因素，而这些客观的因素包含有利的和不利的。当客观的制约因素迫使我们必须要放弃的时候，我们不妨将心放下，或许会有不同的收获。

所谓"两弊相衡取其轻，两利相权取其重"。权衡利弊后，找到事物最佳的选择，该放弃的时候果断放弃，该撒手的时候主动放手，你得到的才可能更多，更有生命力，你的竞争力才能够更有力。

很多时候，当我们失去一样东西的时候，我们感叹、惋惜，经常会回想，然后伤感。我们为各种各样的失去叹息，奢望着失去的还能回来，可是在通常情况下，失去的就永远的失去了，我们的向往都无法再实现。这个时候，我们就豁达撒手，或许可以摆脱无谓的执着，换得一份心灵的轻松和恬怡。

一位老者乘火车外出，喝水的时候，不小心将新买的鞋子弄湿了。于是，老人赶快脱下来，放在车窗边沿晾晒。可是，轻轻的山风还没有将鞋子吹干，美丽的阳光还没有将鞋子晒干，这双崭新鞋子中的一只，由于老者的一个不小心被撞下了火车。老人连忙探出头去，紧张地观望，可是鞋子已经远去，火车依然在前进，老人的鞋子不可能再回来。老人深深地叹了一口气，可是不一会儿，这位充满智慧的老者却非常豁达地把另外一只鞋子也扔出了窗外。一刹那，惋惜、感叹的人们诧异万分，将不理解的目光投向老者。老人笑了笑说道："我留着这一只鞋子，也没有什么用处了。但要是外面谁能够捡到，配成一双，说不定能穿，岂不是更好？"

的确，一双崭新的鞋子，还没有穿多久就不能再穿了，既不是因为鞋子质量的问题，也不是因为不再喜欢，而是被自己无心撞掉，真的是令人感叹、惋惜，如果你不想开那么无论怎样都不能够缓解心中的郁闷。可是，纵使我们再感伤，鞋子还是不能够再回到自己身边。伤心难过不仅起不到任何有建设性的作用，还可能让自己更加烦恼和无措。这个时候，我们不妨也向老者学习一下，撒手把另外一只也放弃，就像老者所说的"我留着也没有什么用处了"，"说不定谁捡到了还可以配成一双"。

老者豁达的撒手，实际上赢得了两份礼物：一是得到轻松和快乐，二是丢弃难过和伤感。老者智慧的撒手，有了两种美好的憧憬：一是更加崭新的鞋子，二是被他人偶得的美意。老者主动的撒手，不但不是愚钝和轻率，反而是一种难得的豁达和睿智。

因此，有些时候，当我们的"鞋子"也不能够回来了，就学学老者吧，你或许会得到像老者这样的惬意和轻松。懂得主动撒手的道理，并切实贯彻到自己的工作、生活、学习中去，相信我们的人生会绽放出更多的光彩，至少可以得到一份豁达、美好和生存的惬意。

3. 豁达者的游戏精神

豁达的人，往往都是乐观的人。而所谓乐观，按照哲人的说法，就是乐观的人与悲观的人相比，仅仅是因为后者选择了悲观。

如果是主动舍弃，或许人们的烦恼就不会有那么多，偏偏生活中有很多东西是被迫舍弃的。所以，很多人常常会因为失去一些曾经拥有的东西而无比心痛，或者因过去的某个过错而耿耿于怀，不肯轻易原谅自己。

但一味地追悔过去，只会令自己困在一个死胡同里，进而让事情变得更糟糕，让自己的内心得不到安宁。正如莎士比亚所说："一直悔恨已经逝去的不幸，只会招致更多的不幸。"

想要不为过去的种种而烦恼，唯一的方法就是学会豁达。

豁达的人在遇到困境时，除了会本能地承认事实，摆脱自我纠缠之外，他还有一种趋利避害的思维习惯。这种趋利避害，不是为了功利，而是为了保持情绪与心境的明亮与稳定。这也恰似哲人所言："所谓幸福的人，是只记得自己一生中满足之处的人；而所谓不幸的人，是只记得与此相反的内容的人。"每个人的满足与不满足，并没有太多的区别，幸福与不幸福相差的程度，却会相当巨大。

仔细观察分析一个心胸豁达的人，你往往会发现，他的思维习惯中有一种自嘲的倾向。这种倾向，有时会显于外表，表现为以幽默的方式、用自嘲来摆脱困境。

自嘲是一种重要的思维方式。每个人都有许多无法避免的缺陷，这是一种必然。不够豁达的人，往往拒绝承认这种必然。为了满足这种心理，他们总是紧张地抵御着任何会使这些缺陷暴露出来的外来冲击。久而久之，心理便会脆弱不堪。一个拥有自嘲能力的人，却可以免于此患。他能主动察觉自己的弱点，没有必要去尽力掩饰。

从根本上来说，一个尴尬的局面之所以形成，只是因为它使你感到尴尬。要摆脱尴尬，走出困境，正面的回避需要极大的努力，但自嘲却为豁达者提供了一条逃遁出去的轻而易举的途径：那些包围我的，本来就不是我的敌人。于是，尴尬或困境，就在概念上被取消了。

豁达也有程度的区别，有些人对容忍范围之内的事，会很豁达，但一旦超出某种极限，他就会突然改变，表现出完全不同的两种反应方式。豁达的人，则具有一种游戏精神，将容忍限度扩大。

一个身经百战、出生入死、从未有畏惧之心的老将军，解甲归田后，以收藏古董为乐。一天，他在把玩一件最心爱的花瓶时，花瓶因为不小心而差点脱手，将军吓出一身冷汗。他突然若有所悟："当年我出生入死，从无畏惧，现在怎么会吓出一身冷汗？"片刻后，他悟到了——因为我迷恋它，才会有忧患得失之心，破了这种迷恋，就没有东西能伤害我了，遂将花瓶掷碎于地。

豁达者的游戏精神，即是如此。既然他把一切视为一种游戏，尽管他同样会满怀热情，尽心尽力地去投入，但他真正欣赏的，只是做这件事的过程，而不是目的，游戏的乐趣在于过程之中。那么，他也就解脱了得失之心的困扰。

有一个人，他的性情并不很开朗奔放，但他对待事情几乎不会有焦躁紧张的时候。这并不是他好运亨通。细细观察体会，我们发觉他有一些与众不同的反应方式：比如，他被小偷扒走了钱包，发现后叹息一声，转身便会问起刚才丢失的身份证、工作证、月票的补办手续。一次，他去参加电视台的知识大赛，闯过预赛、初赛，进入复赛，正扬扬得意，不料，却收到了复赛被淘汰的通知书。他发了几句牢骚，中午，却兴致勃勃又拜师学起桥牌来。

这些反映出他的一种很本能、很根本的思维方式，那就是承认事实。事实一旦来临，不管它多么有悖于心愿，也毕竟是事实。大部分人的心理会在此时产生波动抗拒，但豁达者，他的兴奋点会迅速地绕过这种无益的心理冲突区域,马上转到下边该做什么的思路上去了。事后,他也的确会发现,发生过的不可再改变,不如做些弥补的事情后立刻转向,而不让这些事在情绪的波纹中扩大它的阴影。

这堪称是一种最强的心理力量。生活中我们常常为自己失去的东西难过,甚至明知已不可挽回,也不肯让自己去积极地排解。其实,在许多豁达者的眼中,任何一种失去都会诞生一种选择,任何一种选择都将有新的机会。失去了一些以为可以长久依靠的东西,自然会难过,但其中却隐藏着无限的祝福和机会。失去的时候,向前看,永远向前看,过了黑夜就是黎明。

如何做个豁达人呢?你要记住三个要点,并不断提醒自己。

(1)上一刻归咎于回不来的过去

时间是一件神奇的东西,它雕刻生命的年轮,推移事态的变迁,是最有效的疗伤良药,也是最无情的过客。世界上没有谁能够左右时间,过去的一切都会随时光定格在过去的某一时间刻度,无法超前,更无法推后。上一刻的悲伤或是快乐,对你来说,都只是生命中一个个小小的符号,无法更改它们。所以,与其回望过去,不如专注于现在。

(2)把过去的痛苦和光辉放进历史

过去的痛苦曾经让我们身心疲惫,甚至令我们深感屈辱。但是我们应该懂得,过去的已经过去,未来的影像是由我们现在的思想所决定、由现在的行动所创造的。将过去的痛苦锁进生命的历史,踏上新的征程,打造未来,才能获得成功、感受快乐。走出曾经的光环,就算它再夺目,也是属于过去的。专心于你的现在和未来,你的人生之路会更加绚丽。

(3)并非人人都是爱我的

我们没有必要去喜欢自己认识的每一个人,因此,我们也没有权利要求所有人都喜欢自己。别太在意别人的眼光,走自己的路,让别人说去吧！人要有一颗豁达之心，当得不到别人的认可时，也照样可以活出自己的风采，对自己的每一天负责，相信自己能够做得很好。

4. 世界上永远没有你要的"公平"

接受生命不公的事实有一个好处，就是让我们不要再为自己抱屈，反而鼓励我们竭尽所能去努力。我们终于明白，让一切变得完美，并不是"生命的责任"，而是我们的挑战。接纳这个事实也让我们不要替他人难过，因为它提醒我们，每个人都有自己的遭遇，也都有自己的特殊力量与挑战。

我们常常会看到这样一些现象：没有能力的人身居高位，有能力的人怀才不遇；少做或者不做事的人，拿的工资要比做事的人还要高；同样的一件事情，你做好了，老板不但不表扬，还要对你鸡蛋里挑骨头，而另外一个人把事情做砸了，却得到老板的夸赞和鼓励……诸如此类的事情，我们看了就生气，会理直气壮地说："这简直太不公平了！"

公平，这是一个很让我们受伤的词语，因为我们每个人都会觉得自己在受着不公平的待遇。事实上，这个世界上没有百分百的公平，你越想寻求百分百的公平，你就会越觉得别人对你不公平。

美国心理学家亚当斯提出一个"公平理论"，认为职工的工作动机不仅受自己所得的绝对报酬的影响，而且还受相对报酬的影响。人们会自觉或不自觉地把自己付出的劳动与所得报酬同他人相比较，如果觉得不合理，就会产生不公平感，导致心理失衡。

对于职场上种种不公平的现象，不管你喜不喜欢，都是必须接受的现实，而且最好主动地去适应这种现实。追求公平是人类的一种理想，但正因为它是一种理想而不是现实，所以作为职场新人，你除了适应别无选择。不管你在学校成绩多么优秀，才华多么横溢，当你离开学校进入职场之后，你与其他人并没有什么两样，只是一个普通的新人而已。

小黄和小李同一天进公司，而且安排在同一个部门。

刚开始的时候，小黄和小李没有什么两样。一周上五天班，早上九点上班下午六点下班，上下班打卡，迟到早退要扣工资，有事不来要向人力部门请假。

一个月后，小黄发现小李变了，最大的变化就是经常不来上班，小黄以为小李有什么事情而不来上班，也没觉得什么。但很偶然的一次，小黄在公司上QQ（即时通信工具）联系一笔业务的时候发现小李也在线。小黄出于好奇就问小李："你今天怎么不来上班呢？有事吗？不来上班要扣工资的。"小李只是说自己有事并没多说什么。出于好意，小黄问小李要不要替他请假，小李直截了当地告诉他不用，他不来上班从来就没有请过假。

等到发工资的那一天，小黄留意了一下，发现财务给小李的工资和他的一模一样，也就是说，这一个月小李迟到早退不来上班没有扣一分钱。

小黄开始纳闷了，他想，难道是公司的制度有所变化？于是，他也学小李，一周只来几天，其他的日子干别的事情去了。到了月底发工资的时候，小黄大吃一惊，自己的工资被扣掉了一半！理由是，他有一半的天数没来上班。

小黄很生气，他觉得太不公平了，气呼呼地找财务理论。财务叫他去找老板，她没有权利，只是按规定办事。

这时候，和小黄关系不错的一个老员工偷偷地告诉他："你别去找老板了，你还不知道吗？小李是他的外甥！"

小黄听了这话，吓出一身冷汗，幸好还没去找老板，否则后果不堪设想！从此以后，小黄再也不苛求所谓的公平了。

实际上，绝对的公平并不存在，不仅是职场，其他领域里也是一样，这个世界不是根据公平的原则而创造的。譬如，老鹰吃蛇，蛇又吃鼠，鼠又吃粮食……只要看看大自然就可以明白，这些受到威胁的弱者永远是不公平的，强者生存，弱者灭亡，优胜劣汰，没有公平可言。一味地追求绝对的公平，只会导致心理严重失衡，使自己变得浮躁不安。

与上文中的小黄有同样遭遇的还有小夏。小夏费了很大的周折才进了一家大型国有企业。有一天，小夏所在楼层的锅炉热水器坏了，喝开水要到楼上去打。这样，每天提热水壶上楼打开水自然成了小夏分内的事，因为小夏是刚来的，又是一个年轻人，所以大家都觉得这是理所当然的事。这天上午，小夏到外面办事去了，中午回到办公室渴得不行，想喝点儿水，于是他打开热水壶盖，一看，里面空空如也。小夏很生气，大声说从明天起轮流打开水，不能让他一个人承包，但没人响应。

于是，第二天早晨上班后他也不打开水了。结果可想而知，当天中午他就被领导叫到办公室训斥了一顿，说他太懒惰，连这点儿小事也不愿意做。

应该说,这事对小夏的确不公平,但在现代职场上,永远也不会有绝对的公平出现!道理很简单,无论社会进步到什么程度,企业管理如何扁平化,企业内部永远是个金字塔结构。既然是个金字塔,就必然会有上下之分,就必然会有不平等的现象存在。企业作为最大利润谋求者,与追求"公平"相比,它更喜欢"效率"。在一个公司内部,如果没有适当的等级制度和淘汰制度,它就会因为自己的"仁义"而失去竞争力,就会在竞争中遭到淘汰。因此,在现实生活之中,永远不会出现你想象中的那种"公平"。

反而,不争辩,放弃无谓的辩解,有时却能带给你意想不到的结果。下面这个故事便是个很好的例子。

"您好,"王某对老板说,"昨天我交给您的文件签了吗?"老板转了转眼睛想了想,然后翻箱倒柜地在办公室里折腾了一番,最后他耸了耸肩,摊开两手无奈地说:"对不起,我从未见过你的文件。"如果是刚从学校毕业那会,王某会义正词严地说:"我看着您的秘书将文件摆在桌子上,您可能将它丢进废纸篓了!"可现在他才不会这样说呢。既然老板能睁眼说瞎话,那又何必与他计较呢?因为最终还是他签字,一切他说了算。

于是王某平静地说:"那好吧,我回去找找那份文件。"于是,王某下楼回到自己办公室,把电脑中的文件重新调出再次打印,当王某再把文件放到老板面前时,他连看都没看就签了字,其实他比王某还清楚文件原稿的去向。

实际上,谁是谁非也并不重要,即便是你对了而上司错了,也要学会开动脑筋为上司寻找一个台阶下。无论如何,解决冲突的前提是合作。如果你动不动就对公司的制度提出质疑,或者动不动就和老板理论，到头来往往是搬起石头砸自己的脚。

我们要摆正心态，不必事事苛求百分百的公平，对生活中的小事看开一点儿，不要斤斤计较，对已经过去的事情不要耿耿于怀，把精力和时间放在创造新的价值上。这样，就单个事情来说不一定公平，但从整体上来说就公平了。另外，我们还可以设法通过自己的奋发努力来求得公平。如果你觉得不公平就放弃努力，那你就错了。

我们还可以改变衡量公平的标准。公平是相对而言的，衡量公平的标准也不是一成不变的，当你换个角度来看问题时，你会发觉自己得到的比失去的要多。不公平是一种进行比较后的主观感觉，因而只要我们改变一下比较的标准，也能够在心理上消除不公平感。

5. 别和自己过不去

生活中苦恼总是有的，有时人生的苦恼，不在于自己获得多少，拥有多少。而是因为自己想得到更多，自己的能力却很难达到，所以我们便感到失望与不满。然后，我们就自己折磨自己，说自己"太笨""不争气"等，就这样经常自己和自己较劲。

世界上太多的人悲叹生活的艰辛，只有极少数人能在有限的生命中活出自己的快乐。一个人快乐与否，其实和他的生存环境关系不大，而是主要取决于如何善待自己的心态。

生活本已不易，再自己给自己想象很多烦恼，岂不是和自己为难？

要知道，烦恼是一把摇椅，你一旦坐上去，它就会一直摇呀摇，总也停不下来。如果你跳下来，它自己也就不会再摇了。

一个心理学家做了一个很有意思的实验：他要求一群实验者周末晚上把未来7天会烦恼的事情都写下来，然后投入一个大型的烦恼箱中。第三周的星期日，他在实验者面前打开这个箱子，与成员逐一核对每项烦恼，结果发现其中90%的担忧并没有真正发生。

接着，他又要大家把那些真正发生的10%的烦恼重新丢入纸箱中。等过了三周，再来寻找解决之道。结果到了那一天，他开箱后，发现剩下的10%的烦恼已经不再是那些实验者的烦恼了，因为他们有能力应付。

原来烦恼是自己找来的，这就是所谓的自找麻烦。据统计，一般人的忧虑有40%属于过去，有50%属于未来；有92%的忧虑从未发生过，而剩下的8%是能够轻易应付的。

每个人都有七情六欲和喜怒哀乐，烦恼也是人之常情，是人人都避免不了的。但是，由于每个人对待烦恼的态度不同，所以烦恼对人的影响也不同。

有一个人以为自己得了癌症，便跑去看医生。

医生问他："你觉得哪里不舒服？"

他回答："我好像没哪儿不舒服。"

医生又问："你感觉身体哪里疼？"

他说："感觉不到疼。"

医生又问："你最近体重有没有减轻？"

他说："没有。"

"那你为什么觉得自己得了癌症？"医生忍不住这么问他。

他说："书上说癌症的初期毫无症状，我正是如此啊！"

富兰克林·皮尔斯·亚当斯曾以失眠作比喻。他说："失眠者睡不着，因为他们担心会失眠，而他们之所以担心，正因为他们不睡觉。"

马克·吐温晚年时感叹道："我的一生大多在忧虑一些从未发生过的事，没有任何行为比无中生有的忧愁更愚蠢了。"

凡事别跟自己过不去，要知道，每个人都有这样或那样的缺陷，世界上没有完美的人。这样想，不是为自己开脱，而是保证心灵不会被挤压得支离破碎，永远保持对生活的美好认识和执着追求。

别跟自己过不去，是一种精神的解脱，它会促使我们从容地走自己选择的路，做自己喜欢的事。

真的，假如我们不痛快，要善于原谅自己，这样心里就会少一点阴影。这既是对自己的爱护，也是对生命的珍惜。

有人问古希腊大学问家安提司泰尼："你从哲学中获得了什么呢？"他回答说："同自己谈话的能力。"

同自己谈话，就是发现自己，发现另一个更加真实的自己。

法国大文豪雨果曾经说过："人生是由一连串无聊的符号组成的。"的确，我们生活中的大多数时光都在很普通的日子里度过，有时看似很正常的生活，实际上已经走进生活的误区。有点儿浑噩，有点儿疲惫，有点儿茫然，有点儿怨恨，有点儿期盼，有点儿幻想，总之，就是被一些莫名其妙的情绪、感受占据了内心的思想、生活，而懒得去厘清。

于是，我们总是在冥冥之中希望有一个天底下最了解自己的人，能够在大千世界中坐下来静静倾听自己心灵的诉说，能够在熙熙攘攘的人群中为我们开辟一方心灵的净土。可"万般心事付瑶琴，弦断有谁听"？

其实，我们不就是自己最好的知音吗？世界上还有谁，能比自己更了解自己的呢？还有谁能比自己更愿意保守自己的秘密呢？当你烦躁、无聊的时候，不妨和自己对对话，让心灵退入自己的灵魂中，使自己与自己亲密接触，静下心来聆听来自心灵的声音，问问自己：我为何烦恼？为何不快？满意这样的生活吗？我的为人处世错在哪里？我是不是还要追求工作上的成就？生命如果这样走完，我会不会有遗憾？我让生活压垮或埋没了没有？人生至此，我得到了什么、失去了什么？我还想追求什么？……

这样，在自己的天地里，你可以慢慢修复自己受伤的尊严，可以毫无顾忌地"得意"，可以深刻地剖析自己。你还可以说服自己、感动自己、征服自己。有位作家说的一段话很有道理："自己把自己说服，是一种理智的胜利；自己被自己感动了，是一种心灵的升华；自己把自己征服了，是一种人生的成熟。"把自己说服了、感动了、征服了，人生还有什么样的挫折、痛苦、不幸不能被我们征服呢？

6. 现在忍的多，未来麻烦才会少

人与人之间经常会发生矛盾，有的是因为认识的水平不同；有的是因为对对方不了解；有的是原本有某些偏见和误解。如果你有较大的度量，以谅解的态度对待别人，忍住最容易爆发的激动情绪，这样你就可能赢得时间，矛盾也可能得到缓和。

社交过程中，由于偏见和误解常常会使一方伤害另一方。假设另一方耿耿于怀，那关系就无法融洽。如果受伤害的一方有很大的度量，不念旧恶，会使原先持偏见者的感情受到震动。

度量问题不是个无关紧要的小问题。度量如海还是度量如杯，在重要关头关系到事业的成败。为一点小事斤斤计较，争吵不休，既伤害了感情，也影响了友谊，无益于你成大事，结果肯定不是双赢而是两败。因此，弃个人成见，不在社交场合为区区小利争风吃醋，不为炫耀自己而贬低他人，发扬一点忍让精神，对许多事情进行"冷处理"，摆脱互相之间无原则的纠缠和不必要的争执，不计较一切无关大局的小事……那么，你的风度将会获得社交场合中众人的青睐，你的事业也会如虎添翼，收到双赢的效果。

欧·哈里曾经听过卡耐基的课，他受的教育不多，很爱抬杠。他当过汽车司机，后来因为推销卡车不顺利，求助于卡耐基。

听了几个简单的问题，卡耐基就发现他存在一个问题，那就是他老是跟顾客争辩。如果对方挑剔他的车子，他立刻会涨红脸大声强辩。欧·哈里承认，他在口头上赢得了不少的辩论，但没能赢得顾客。他后来对卡耐基说："在走出人家的办公室时我总是对自己说，我总算整了那混蛋一次。我的确整了他一次，可是我什么都没能卖给他。"

所以，卡耐基面临的难题是，如何训练欧·哈里自制，避免争强好胜。卡耐基成功解决了这个问题，欧·哈里后来成了纽约怀德汽车公司的明星推销员。他是怎么做到的？以下是他的说法："如果我现在走进顾客的办公室，而对方说：'什么？怀德卡车？不好！你送我我都不要，我要的是何赛的卡车。'我会说：'老兄，何赛的货色的确不错，买他们的卡车绝错不了，何赛的车是优良产品。'"

"这样他就无话可说了，没有抬杠的余地。如果他说何赛的车子最好，我说没错，他只有住嘴了。他总不能在我同意他的看法后，还说一下午何赛车子最好。我们接着不再谈何赛，我就开始介绍怀德的优点。"

"当年若是听到他那种话，我早就气得脸一阵红、一阵白了——我就会挑何赛的错，而我越挑剔别的车子不好，对方就越说它好。争辩越激烈，对方就越喜欢我竞争对手的产品。"

"现在回忆起来，真不知道过去是怎么干推销的！以往我花了不少时间在抬杠上，现在我守口如瓶，果然有效。"

正如明智的本杰明·富兰克林所说的："如果你老是抬杠、反驳，也许偶尔能获胜，但那只是空洞的胜利，因为你永远都得不到对方的好感。"

因此，你要衡量一下，你是宁愿要一种字面上的、表面上的胜利，还是要别人对你的好感？你可能有理，但要想在争论中改变别人的主意，那是徒劳。不妨试试先咽下一口气再说。

古人说："二虎相争，必有一伤。"这样做下去，其实谁都不好看，有时，特别是朋友之间，抬头不见低头见，还是得饶人处且饶人吧。

宋朝的王安石和司马光十分有缘，两人在1019年与1021年相继出生。仿佛约好的一样，年轻时他们都曾在同一机构担任完全一样的职务。两人互相仰慕，司马光仰慕王安石绝世的才华，王安石尊重司马光谦虚的人品，在同僚中间，他们俩的友谊简直成了典范。做官好像就是与人的本性相违背，王安石和司马光的官越做越大，心胸却都慢慢地变得狭猛起来，原本相互唱和、互相赞美的两位老朋友竟反目成仇。倒不是因为解不开的深仇大恨，人们很难相信，他们是因为互不相让而结怨。两位智者名人，成了两只好斗的公鸡，雄赳赳地傲视对方。

有一回，洛阳国色天香的牡丹花开了，包拯邀集全体僚属饮酒赏花。席中包拯敬酒，官员们个个善饮，自然毫不推让，只有王安石和司马光酒量极差。待酒杯举到司马光面前时，司马光眉头一皱，仰着脖子把酒喝了，轮到王安石，他执意不喝，全场哗然，酒兴顿扫。司马光大有上当受骗，被人小看的感觉，于是喋喋不休地骂起王安石来。王安石自然以牙还牙。

自此两人结怨更深，王安石得了一个"拗相公"的称号，而司马光也没给人留下好印象，他忠厚宽容的形象大打折扣，以至于苏轼都骂他，给他取了个绰号叫"司马牛"。

到了晚年，王安石和司马光对他们早年的行为都很后悔，大概是人到老年，与世无争，心境平和，世事洞明，可以消除一切拗性与牛脾气。

王安石曾对侄子说，以前交的许多朋友，都得罪了，其实司马光这个人是个忠厚长者。司马光也称赞王安石，夸他文章好，品德高，功劳大于过错，仿佛是又有约定似的，两人在同一年的五个月之内相继归天。天国是美丽的，"拗相公"和"司马牛"尽可以在那里和和气气地做朋友，吟诗唱和，什么政治斗争、利益冲突、性格相违，已经变得毫无意义了。

我们都知道，人和人都是不同的，对于性格、见解、习惯等方面的相异，要以和为重，若"急风暴雨、迅雷闪电"则会影响朋友之间的关系，甚至导致友谊破裂，反目成仇；而若和气面对彼此的不同，进而欣赏对方的优点，则对方也会对你加以赞美。

当我们受到别人侮辱的时候，不要急于针锋相对，不要急于还击，而是要学会去忍受，这样不仅可以扼住自己心中消极情绪的增长，也在别人面前显示出自己的大度和胸怀。说不定，当别人静下心的时候，发现自己错了或做地过分了，还会主动跟你道歉。这样原先的一切乌云密布，自然也就变得烟消云散了。

7. "好马" 也要吃回头草

一个人在一系列不可抗拒的因素下，要想走有利于自己发展的道路，就要有长远的战略规划和发展目标。注意"长远"两个字，既然重在长远，就不能只在意眼前，该退让的时候就退让。

有一则寓言故事，一匹精良的马从草原上经过，眼前全是绿油油的青草。它一边随便地吃草，一边向前走。

它越走越远，而草越来越少，几天后，它已经接近沙漠的边缘了。它只要回头走就可以重新吃到美味的青草，但它坚持想："我是一匹精良的马，好马不吃回头草。"后来，在饥饿的折磨下，它倒在了沙漠中。

在古代，像这样有"骨气"的人，宁可被活活饿死也不屈服，的确是很伟大，但有时候，你并不能把"骨气"与"意气"划分得清楚。绝大多数人在面临该不该退让时，都把"意气"当成"骨气"，或用"骨气"来包装"意气"，明知"回头草"又鲜又嫩，却怎么也不肯回头去吃。

如果你不吃回头草就会饿死，吃"回头草"时又会碰到周围人对你的非议。因此你吃你的草，全然不要顾忌那么多，你只要认真诚恳地吃，填饱肚子，养肥自己就可以了。何况时间一久，别人也会忘记你是一匹吃回头草的马，甚至当你回头草吃地有成就时，别人还会佩服你：果然是一匹"好马"！

在面对残酷的现实时，饿死的"好马"就变成了"死马"，也就不是一匹"好马"了。

在生活中有很多这样的例子：

吴君因故被炒鱿鱼，一个星期后，老板要他回去，他愤然拒绝："好马不吃回头草！"

刘君被女朋友甩了，过了一段时间，女朋友回头向他认错，要求重归于好，刘君无情地说："好马不吃回头草！"

"好马不吃回头草"这句话使很多人不知丧失了多少机会。绝大多数人在面临该不该回头时，往往意气用事，明知"回头草"又鲜又嫩，却怎么也不肯回头去吃，自以为这样才是有"志气"。其实，在面临回不回头的关卡时，你要考虑的不是面子问题和志气问题，而是现实问题。

比如，你现在有没有"草"可吃？如果有，这些"草"能不能吃饱？如果不能吃饱，或目前无"草"可吃，那么未来会不会有"草"可吃？还有，这"回头草"本身的"草色"如何？值不值得去吃？

很多人都会面临"吃"与"不吃"的选择。如果草不好，不吃也就罢了，可如果是棵好草，是不是回头再吃呢？刘备是匹"好马"吗？是的。可是他依然会三顾茅庐，成为千古美谈。

如果是"好马"就要敢于面对，敢于从头再来。是"好马"，必要的时候就要吃回头草，因为这个世界上好马很多而回头草很少。

郑庄公时，同父异母的共叔段要谋反篡位，郑庄公开始表现得无动于衷，但暗地里密切注视着共叔段的动向，当他确知共叔段已准备妥当之时，觉得已找到诛灭共叔段的合法借口，于是以迅雷不及掩耳之势，囚禁了武姜氏，并将共叔段诛灭。

由此可见，能够准确地识别时机的转换，是英雄创业的基本素质。鬼谷子认为，圣人之所以能永垂不朽，就是能把握时机的变化。所以无论在行动上，还是计划上，如果不能顺应时代的变迁，讲求适应环境的策略，只是一味固守己见，是要失败的。

萧何是刘邦的第一功臣，在刘邦开创西汉王朝的大业中，萧何忠贞不贰地追随刘邦：在丰沛起义中首任沛丞，刘邦屈就汉王时任汉丞，西汉建国以后，任汉皇朝的丞相，并享有"带剑上殿，入朝不趋"的特权。

在近三年的反秦战争中，他赞襄帷幄，筹措军需，直到打下咸阳进入汉中。在四年之久的楚汉战争中，萧何在后方精心经营，保证了兵源和军需的充足供应。危难关头，他多次力挽狂澜，使刘邦绝处逢生。其中脍炙人口的故事有："咸阳清收丞相府""力谏刘邦就汉王""收用巴蜀，还定三秦""月下追韩信""制定九章律""诱捕淮阴侯"……

萧何以其超人的智慧、过人的胸襟和气魄为西汉王朝的创建和稳固建立了不朽的功勋。建国以后，刘邦的江山渐渐稳定了，事过境迁，而萧何的功劳有那么大，刘邦对他自然会猜忌和怀疑。

汉十二年初萧何看到长安周围人多地少，就请求刘邦把上林苑中的空闲土地交给无地或少地的农民耕种。本来利国利民的一件小事，不料使刘邦龙颜大怒，以受人钱财为由，将萧何关进大牢。困惑莫名的老丞相出了监牢，才明白自己犯了"自媚于民"的错误。

淮南王英布造反，刘邦御驾亲征，萧何留守京城。战争中，刘邦不断派使者回来，回来一次就一定要去见萧何，问候萧何。萧何的幕僚警告他："君灭族不远矣。"萧何一听此言，如五雷轰顶，方明白自己已有了功高盖主之嫌，再继续做收揽民心的事情就必然引起皇帝的疑心，招来杀身之祸。

于是他就利用权势以极低的价格强买民田民宅，激起民怨。终于使刘邦将他看作为子孙谋利、胸无大志的人物。刘邦回到京城，收到了一大堆平民百姓告萧何的状子，然后对萧何放心了许多。

古人说"识时务者为俊杰"，自古雄才大略之人皆能顺应时势而成大事，走在时代的前面。兵法说，战法应该"与时迁移，随物变化"，这也就是"造势"的奥妙所在。其实，掌握时机永远是政治家的智慧体现。在什么时候实施自己的计划，什么时候又欲擒故纵，这些都是智慧。有时，等待的结果是养虎为患，而有时，等待则是成功的重要保证。

第 九 章

忙，
是一切坏情绪的解药

1. 戒了吧！拖延症

明明头痛得快炸开，但一想到完不成任务就可能被解雇，只好不停地给自己加压再加压……像这样在莫名拖延与压力中越陷越深的年轻白领不在少数。为加薪、为升职、为面子，他们在超负荷工作的同时，深感"难以承受之重"。疲劳、失眠、脱发、发福，种种中年以后的常见毛病已提前缠身。

我们常常因为拖延时间而心生悔意，然而下一次又会惯性地拖延下去。几次三番之后，我们竟视这种恶习为平常之事，以致漠视了它对工作的危害。

无论是公司还是个人，没有在关键时刻及时做出决定或行动，而让事情拖延下去，这会给自身带来严重的伤害。那些经常说"唉，这件事情很烦人，还有其他的事等着做，先做其他的事情"的人，总是奢望随着时间的流逝，难题会自动消失或有另外的人解决它，须知这不过是自欺欺人。不论他们用多少方法来逃避责任，该做的事，还是得做。而拖延则是一种相当累人的折磨，随着完成期限的迫近，工作的压力反而与日俱增，这会让人觉得更加疲惫不堪。

不得不承认，我们工作中的很大一部分压力是来自拖延，拖延的原因有很多，也不是一时半刻就能解决掉的问题。所以，如何分解对抗这些压力就显得尤为重要。如若不然，很可能你还没从拖延的泥沼中脱身，就被庞大的压力整垮了。

学会下面十招，一定可以变压力为动力，消压力于无形，进而改善拖延症。

218

精神超越——价值观和人生定位

关于自我的人生价值和角色定位、人生主要目标的设定等,简单地说就是:你准备做一个什么样的人,你的人生准备达成哪些目标。这些看似与具体压力无关的东西其实对我们的影响却总是十分巨大,对很多压力的反思最后往往都要归结到这个方面。卡耐基说:"我非常相信,这是获得心理平静的最大秘密之一——要有正确的价值观念。而我也相信,只要我们能定出一种个人的标准来,就是和我们的生活比起来,什么样的事情才值得的标准,我们的忧虑有50%可以立刻消除。"

心态调整——以积极乐观的心态拥抱压力

法国作家雨果曾说过:"思想可以使天堂变成地狱,也可以使地狱变成天堂。"

我们要认识到危机即是转机,遇到困难,产生压力,一方面可能是自己的能力不足,因此整个问题处理过程,就成为增强自己能力、发展成长的重要机会;另一方面也可能是环境或他人的因素,这可以通过理性沟通解决,如果无法解决,也可尽量以正向乐观的态度去面对每一件事。有人研究过所谓的乐观系数,也就是说一个人常保持正向乐观的心,处理问题时,他就会比一般人多出20%的机会得到满意的结果。因此正向乐观的态度不仅会平息由压力而带来的紊乱情绪,也较能使问题导向正面的结果。

理性反思——自我反省和压力日记

理性反思,积极进行自我对话和反省。对于一个积极进取的人而言,面对压力时可以自问,"如果没做成又如何?"这样的想法并非找借口,而是一种有效疏解压力的方式。但如果本身个性较容易趋向于逃避,则应该要求自己以较积极的态度面对压力,告诉自己,适度的压力能够帮助自我成长。

同时，记压力日记也是一种简单有效的理性反思方法。它可以帮助你确定是什么刺激引起了压力，通过检查你的日记，你可以发现你是怎么应对压力的。

提升能力——了解、掌握状况并设法提升自身的能力

既然压力的来源是自身对事物的不熟悉、不确定感，或是对于目标的达成感到力不从心所致，那么，疏解压力最直接有效的方法，便是去了解、掌握状况，并且设法提升自身的能力。通过自学、参加培训等途径，一旦"会了""熟了""清楚了"，压力自然就会减低、消除，可见压力并不是一件可怕的事。逃避之所以不能疏解压力，则是因为本身的能力并未提升，使得既有的压力依旧存在，强度也未减弱。

建立平衡——留出休整的空间，不要把工作上的压力带回家

我们要主动管理自己的情绪，注重业余生活，不要把工作上的压力带回家。留出休整的空间：与他人共享时光，交谈、倾诉、阅读、冥想、听音乐、处理家务、参与体力劳动等都是获得内心安宁的绝好方式，选择适宜的运动，锻炼忍耐力、灵敏度或体力……持之以恒地交替应用你喜爱的方式并建立理性的习惯，逐渐体会它对你身心的裨益。

加强沟通——不要试图一个人就把所有压力承担下来

平时要积极改善人际关系，特别是要加强与上级、同事及下属的沟通，要随时切记，压力过大时要寻求主管的协助，不要试图一个人就把所有压力承担下来。同时在压力到来时，还可采取主动寻求心理援助，如与家人朋友倾诉交流、进行心理咨询等方式来积极应对。

时间管理——关键是不要让你的安排左右你，你要自己安排自己的事

工作压力的产生往往与时间的紧张感相生相伴，总是觉得很多事情十分紧迫，时间不够用。解决这种紧迫感的有效方法是时间管理，关键是不要让你的安排左右你，你要自己安排自己的事。在进行时间安排时，应权衡各种事情的优先顺序，要学会"弹钢琴"。对工作要有前瞻能力，把重要但不一定紧急的事放到首位，防患于未然，如果总是在忙于救火，那将使我们的工作永远处于被动之中。

活在今天——集中你所有的智慧、热忱，把今天的工作做得尽善尽美

压力，其实都有一个相同的特质，就是突出表现在对明天和将来的焦虑和担心。而要应对压力，我们首要做的事情不是去观望遥远的将来，而是去做手边的清晰之事。为明天的事做好准备的最佳办法就是集中你所有的智慧、热忱，把今天的工作做得尽善尽美。

生理调节——保持健康，学会放松

另外一个管理压力的方法集中在控制一些生理变化，如：逐步肌肉放松、深呼吸、加强锻炼、充足完整的睡眠、保持健康和营养。通过保持你的健康，你可以增加精力和耐力，帮助你与压力引起的疲劳斗争。

日常减压——10步减压法

以下是帮助你在日常生活中减轻压力的10种具体方法，简单方便，经常运用可以起到意想不到的效果：

①早睡早起。在你的家人醒来前一小时起床，做好一天的准备工作。

②同你的家人和同事共同分享工作的快乐。

③一天中要多休息，从而使头脑清醒，呼吸通畅。

④利用空闲时间锻炼身体。

⑤不要急切地、过多地表现自己。

⑥提醒自己任何事不可能都是尽善尽美的。

⑦学会说"不"。

⑧生活中的顾虑不要太多。

⑨偶尔可听音乐放松自己。

⑩培养豁达的心胸。

2. 对不确定的未来，请坚持付出

虽然每个人的成功都有运气的成分，但是首先需要人们有勇气去尝试，只有这样，当运气来临时，你才能够抓住机遇。如果没有勇气，不敢去尝试，你永远都不会拥有任何机会。只有拥有勇气的人才不怕风险，而愿冒风险的人往往会有机会得到更好的回报。

你不可能想到，亨利·福特在进军汽车业的前三年，破产过两次；美国大百货公司梅西百货曾经七次遭遇转折点，也就是我们所称的"失败"。但是，这些成功者都努力坚持下来了，最后终于取得了成功。所以说，一个人要想成功，就不能惧怕失败，只要冷静地分析失败的原因，寻找突破口，说不定下一次成功就会来敲你的门了。

机遇从来不会钟情于懒汉，也不会欣赏投机者，机遇总伴随着勤奋努力的人、有勇气不断开拓的人、持之以恒的人、力求创新的人。只有具备这些，你才可能成为机遇的幸运儿。作为大时代中的新一代青年，我们每个人来到世上都希望获得成功。所以我们更要懂得如何抓住机遇，努力进取，造就成功的自我，创造一番属于自己的事业。

一个农民，初中只读了两年，家里就没钱继续供他上学了。他辍学回家，帮父亲耕种三亩薄田。在他19岁时，父亲去世了，这可以说是一个家庭里最大的灾难，家庭的重担全部压在了他的肩上。他既要照顾身体不好的母亲，还要照顾一直瘫痪在床的祖母。对于一个普通人来说，这么多的困境已经足以让他认输了，可是他没有低头。

20世纪80年代，农田承包到各户。他把一块水洼挖成池塘，下了决心想养鱼。但后来乡里的干部告诉他，水田不能养鱼，只能种庄稼，无奈下他只好又把水塘填平。这件事成了村里远近闻名的笑话，在别人的眼里，他是一个想发财但又非常愚蠢的人。

但他没有把这一切放在心上，又听说养鸡能赚钱，他向亲戚借了500元钱，养起了鸡。但是在一场洪水后，鸡得了鸡瘟，几天内全部死光。500元对别人来说可能不算什么，对一个只靠三亩薄田生活的家庭而言，不啻天文数字。他的母亲禁不起这个打击，竟然忧郁而死。

到后来他酿过酒，捕过鱼，甚至还在石矿的悬崖上帮人打过炮眼……可以说什么活都干过，可这些都没有赚到钱。35岁的时候，他还没有娶到媳妇，即便是离异的、有孩子的女人也看不上他。因为他只有一间土屋，随时都有可能在一场大雨后倒塌。娶不上老婆的男人，在农村是没有人看得起的。但他就是不放弃，还想搏一搏的他，四处借钱买了一辆手扶拖拉机。不料，上路不到半个月，这辆拖拉机就出了意外，载着他冲入一条河里。

债台高筑的他断了一条腿，成了瘸子。而那拖拉机，被人捞起来，已经支离破碎，他只能拆开它，当作废铁卖了。

村里的人更加鄙视他了，都说他这辈子完了。

但是谁也不会想到后来的他却成了一家公司的老总，手中有两亿元的资产。现在，许多人都知道他苦难的过去和富有传奇色彩的创业经历。许多媒体采访过他，许多报告文学描述过他。给人留下很深印象的是以下这个情节，也正是这个情节说明了一切。

记者问他："在苦难的日子里，你凭着什么一次又一次毫不退缩呢？"

他坐在豪华的老板台后面，慢慢地喝完了手里的一杯水。然后，他把玻璃杯子握在手里，反问记者："如果我松手，这只杯子会怎样？"

记者说："摔在地上，碎了。"

"那我们试试看。"他手一松，杯子掉到地上发出清脆的声音，令大家吃惊的是：杯子并没有破碎，而是完好无损。

接着，他意味深长地说："即使有10个人在场，他们也都会认为这只杯子必碎无疑。但是，这只杯子不是普通的玻璃杯，而是用玻璃钢制作的。"

从他的人生经历中，从他的话语里，我们看出了一个人的决心与勇气是多么伟大。这样的成功者，什么坎坷都不怕，什么艰险都抵挡不住他前进的步伐。成功不属于这样的人还会属于谁呢？

一个人走在成功的道路上，坎坷和和磨难总是时时相伴，胜利也总是和失败接踵。有勇气追寻成功的人是善于从教训中积累力量的，他们不会被困难所威胁，反而会从失败中获得新生。在他们看来，无论是感情上的挫折，还是事业上的坎坷，抑或是选择时的失误，都可以为自己的成长提供最好的经验积累，都可以为自己的内心增添更多的勇气，使他们胜利的决心更加牢不可破。这就是成功者的气魄，勇气是他们成功的最大动力。

其实，生活就是一扇大门，在开启之前，成功与失败都无从断定，但当它对你关闭的时候，你要迈向成功的第一步就是：必须具备敲门时的勇气。如果连敲门的勇气都没有，你就不要谈什么成功。人生就是这样，机会常常就在我们的身边，只是看你有没有勇气去把握住。很多人看着机会从眼前流失了，所以成功离他很远；有的人能及时地去抓住机会，所以成功离他越来越近，直至到达成功的顶峰。

3. 说"难"前，先问自己是否竭尽全力

遭遇挫折并不可怕，可怕的是因挫折而产生的对自己能力的怀疑。只要精神不倒，敢于放手一搏，就有胜利的希望。但是很多人在困难面前，还没有付出自己最大的努力，便急忙放弃。世上无难事，只怕有心人。只要你有战胜困难的一颗心，那么，就没有什么难的。在说一件事情难之前，我们首先应该先问自己，已经竭尽全力了吗？

我们之所以说一件事情很难，往往是因为我们并没有尽到自己最大的努力！虽然我们嘴上说自己已经"尽力"了，其实我们的能力还没有发挥出来。之所以说难，其实只是自己不愿意战胜困难的一种借口而已。

在面对眼前的困难的时候，先把"不可能"放到一边，只想自己是否竭尽全力。学会想尽一切办法、尽一切可能去努力解决问题。世界上没有"天大的问题"，任何问题都会得到解决，没有天大的困难，只有面对困难时没有尽力造成的遗憾和悔恨。

遇到困难就拿出自己百分百的努力来解决，不要给自己的人生打折扣。如果面对困难的时候打折扣，那么你的成功也会打折扣。

24岁的海军军官卡特，应召去见将军海曼·李科弗。将军让卡特挑选任何他愿意谈论并且擅长的话题，然后将军再和卡特去讨论，结果每次将军都将他问得直冒冷汗。卡特才发现自己懂的实在是太少了。在谈话结束的时候，将军问他在海军学校的学习成绩怎样，卡特立即自豪地说："将军，在820人的一个班中，我名列59名。"将军皱了皱眉头，

问："为什么你不是第一名呢，你竭尽全力了吗？"此话如当头一棒，影响了卡特的一生。此后，他做任何事情都竭尽全力，后来成为了美国总统。

竭尽全力，就是要把意识的焦点对准如何解决问题，不给自己任何敷衍和偷懒的借口。

士光敏夫是影响日本经济界的重要人物之一。他在重整东芝公司时，遇到了资金不足的困难。因为当时正处于战后时期，要筹到足够的资金简直难于登天。别说是筹到足够的资金，就是一小部分的启动资金也是不可能的。他去银行申请贷款，但银行部长却对他爱理不理。经过他不断的努力，部长的态度比以前好些，但对贷款的事情却绝口不提。

但是时间不会停止等待他去筹钱，如果在两天内仍然没有资金投入，那么，公司将不得不全线停工。士光敏夫想了很久，终于决定破釜沉舟，要想尽一切办法迫使部长答应。他让秘书给他拿来一个大包，在街上买了两盒盒饭放在里面，然后提着赶到银行。一见部长，他就开始跟部长谈，希望给他贷款，但对方还是不答应。双方又展开了一场舌战，不知不觉已经到了下午下班的时间。部长一看下班了如释重负，提起公文包准备回家吃饭。不料士光敏夫却从袋子里拿出盒饭说："部长先生，我知道你工作辛苦了，但是为了我们能够长谈，我特意把饭准备好了。希望你不要嫌弃这寒酸的盒饭。等我们公司好转后，我们会再感谢你这位大恩人。"面对士光敏夫这样的执着，部长真是无可奈何。但也正是因为他的这份坚持，部长最终批准了他的贷款申请。

在面对一些困难的时候，我们往往认为自己已经尽力了，但实际上我们并没有竭尽全力！我们之所以说事情艰难，就是因为我们没有尽到最大努力。我们说自己已经尽力了，实际上我们并没有把全部潜力发挥出来。所以，面对问题和困难的时候，我们永远不要先说难，而要先问一问自己是否已经竭尽全力。

难，是我们用来拒绝努力的常用理由。但是，问题真的是那么难解决吗？关键的一点，就是先把"不可能"的想法放在一边，而只想自己是否完全尽力，是否想尽了一切办法，尽了一切可能。如果将心灵的焦点对准"难"，那么大脑也会随后找出千万个理由，证明真的很"难"，人就很容易屈服。面对如此"难"的问题很自然地就产生畏惧心理，畏惧使人无法冷静地应对问题，甚至导致行动的瘫痪。

所以当你面对困难的时候，先不要问难不难，而要想自己是否尽了最大努力，这样你就会把注意力集中在尽力挖掘自己的潜能上，这样反倒更容易解决问题。

4. 多走一段弯路，就多看一段风景

正如品惯了茶的人会主动要求品尝咖啡一样，品惯了人生中的苦味的人，能够从茶中品尝出别样的滋味。每个人都希望自己的人生一帆风顺，但这样的人生轨迹并不存在，弯路走的多了，心态就放开了，也能在弯路上多看一段风景。

面对生活中的弯路，我们需要"想得开"。想开了是天堂，想不开是地狱。我们选择自己的职业，选择自己的人生轨迹，都是出于向阳的心态，但是，职业做了几年，可能会发现选错了；走了几年路，发现

路是弯的。然而，回头看看，我们真的白白浪费了光阴吗？

终有一天，当我们站在人生的下一个站台回望，所有曾经承受的委屈和压力都将释然。我们会发现，正是那些我们所走过的弯路，让我们学到了如何应对人生、如何面对挫折、如何发挥潜能、如何全力以赴。走过弯路后，我们发现，是弯路让我们的人生拥有了更多的可能。

蓉蓉是个优秀的姑娘，她有很多优点，会弹钢琴、唱歌好听、成绩也不错。可是优秀的她，高考却失利了。每个人都曾以为她能够考上复旦大学，但是她的分数只能够去一个不知名的地方医科大专。

她曾一度非常沮丧，但她没有一直抱怨过生活，始终从自己身边的人和事上看到和学习美好的东西。在学校里，她谈恋爱、学习、娱乐……后来，她去医院实习，给病人断掉的骨头上石膏，后来还可以做开腔手术大夫的助手。再后来，她考上了法律的本科，从专科升为本科，从零开始。

她从不讨厌自己眼下的工作，但是她有更高的梦想和目标。蓉蓉读法律本科很顺利，可她从律师事务所辞职去黑龙江支教去了。她热爱自由而踏实的生活，她并没有走上所谓的成功之路，虽然这对一个律师而言似乎更容易些。

蓉蓉后来又去了加拿大读大学，关于教育和非营利公益组织的管理。她那么热爱人生的多样性，是我们这些追求安稳、顺利的人无法体会到的。

她对别人说："我走的不是弯路，而是多看了一段风景。"

生活的强者，只关乎心灵。塞涅卡曾说："没有谁比从未遇到过不幸的人更加不幸，因为他从未有机会检验自己的能力。"如何检验自己的能力呢？走一段弯路。在弯路中，我们总是在得到与失去的交替中，在渴求与放弃的转变间，经历着痛苦，同时也感受着快乐。

走弯路很苦，但苦的另一面是一种恩赐，因为伴随苦难而来的往往是一种超乎常人的坚强与不屈，而这种精神才是人生在世最为宝贵的财富。因此我们在痛苦中流泪时，不要只是集中在痛苦上，而忘记了上帝的恩典。真主耶稣离世前，对门徒说：“我实实在在地告诉你们，你们将要痛苦、哀号，你们将要忧愁，然而你们的忧愁要变为喜乐。你们现在在忧愁，但我要再见到你们，你们的心就喜乐了。”

从一个一掷千金的大商人，变成一个家徒四壁的穷光蛋，洛克在经历了破产的遭遇后，深切体会到了生活的冷酷无情，他心灰意懒，萌生了结束生命的想法。

洛克回到了承载着他童年美好时光的乡间小镇，也许这里才是离上帝最近的地方，洛克很想质问上帝，为何偏偏选中他来承受命运的作弄？

走累了的洛克在一片瓜地旁边小憩，这正是丰收的时节，空气里充盈着香甜的味道。好客的瓜农看到风尘仆仆的洛克，豪爽地请他品尝地里的瓜。

瓜农开始喋喋不休地对洛克讲述，前几年收成如何不好，总是遇到天灾虫患，或者突如其来的一场霜冻，让即将收获的成果毁于一旦，一年的辛勤劳作全都白费了。

洛克感到有些意外，他脱口而出：“收成不好你怎么活下去，赚不到钱耕种还有什么意义？”

憨厚的果农咧嘴一笑：“再怎么艰难不都这样挺过来了，你看，这不是丰收了嘛，而且，正是之前的歉收，才让这次丰收显得更有意义。”看着这个心事重重的年轻人，果农意味深长地继续说道：“所有的经历都是有意义的，只要你没有放弃继续依靠自己的双手。”

一席话似一阵风吹走了洛克心头的灰尘,如同醍醐灌顶。洛克驱车返回,决定重新来过,5年后他的公司遍及全球,他成了行业内呼风唤雨的人物。而走过的弯路,也成了他人生中最美的回忆,他倍加珍视。

走弯路并不可怕,可怕的是我们纠结的内心,迟迟不肯让它过渡。我们都曾暗暗许愿:希望人生之路能够坦荡无阻,希望得到细心体贴的关怀,希望一切烦恼和痛苦都远离我们。然而,我们的愿望没有被满足,我们仍然在红尘中挣扎,生命中那些源于心灵的痛苦时时折磨着我们,让我们不愿意面对,却又无法逃避。

人生路上,有很多的风景。对于很多风景,我们或者无心欣赏,或者根本就错过了,这是一种深深的遗憾。当我们为着接近一个目的,遭遇了困难,甚至付出了代价后,是否还能满心欢喜地回忆起沿途的景致?如果能,我们就是智慧的。

弯路比起星光大道更有意思。且不去说那不寻常的风景,就说脚下的路,因为有了曲折,反而可以考验我们的注意力和脚力,把这作为人生旅途的一次磨砺,不是很好吗?

5. 与其不尝试而失败,不如尝试了再失败

不论何时,如果想尝试做事的新办法,你就要把自己推向冒险之途。假如你想致力于改良事物的现况,就不得不欣然去冒险。用罗斯福总统夫人伊莲娜的话说就是:我们必须去做自以为办不到的事。

　　成功者最大的特点就是，具有想用新的点子做实验及冒险的意愿。进取的人和普通人最明显的差别就在于：进取的人在态度上勇于冒险，且具新观念，能鼓舞他人去从事一无所知的事物，而非尽玩些安全的游戏。他们之所以敢于冒险，是因为有冒险力的驱动。如果做事怕冒险的话就没办法把事情做好了。而要冒险，一定要有足够的勇气及资本，所谓的资本是指冒险力。光凭着第六感或运气是没办法安然度过大大小小的风险的。如果一切都在计划之内、意料之中，也就算不上什么冒险了。冒险力就是在无法确定的复杂情势下，发挥它的神奇魔力。

　　说到冒险精神，人们就会联想到发现美洲新大陆的哥伦布。

　　哥伦布还在求学的时候，偶然读到一本毕达哥拉斯的著作，知道了地球是圆的，他就牢记在脑子里。经过很长时间的思索和研究后，他大胆地提出，如果地球真是圆的，他便可以经过极短的路程而到达印度了。自然，许多自以为有常识的大学教授和哲学家们都嘲笑他的意见。他们觉得，他想向西方行驶而到达东方的印度，岂不是傻人说梦话吗？他们告诉他，地球不是圆的，而是平的，然后又警告道，他要是一直向西航行，他的船将驶到地球的边缘而掉下去……这不是等于走上自杀之路吗？

　　然而，哥伦布对这个问题很有自信，只可惜他家境贫寒，没有钱让他去实现这个理想。他想从别人那儿得到一点钱，助他成功，但一连空等了17年，还是失望，所以，他决定不再向这个"理想"努力了。因为使他忧虑和失望的事情太多了，竟使他的头发也变白了——虽然当时他还不到50岁。

　　灰心的哥伦布，只想进西班牙的修道院去度过后半生。正在这时候，罗马教皇却怂恿西班牙皇后伊莎贝露资助哥伦布。教皇先送了65

元给哥伦布，算是路费；但他自觉衣服过于褴褛，便用这些钱买了一套新装和一匹驴子，然后起程去见伊莎贝露，沿途穷得竟以乞讨糊口。皇后赞赏他的理想，并答应赐给他船只，让他去从事这种冒险的工作。为难的是，水手们都怕死，没人愿意跟随他走。于是哥伦布鼓起勇气跑到海滨，捉住了几位水手，先向他们哀求，接着是劝告，最后用恫吓的手段逼迫他们参与探险。另外，他又请求女皇释放了狱中的死囚，并许诺他们如果冒险成功，就可以免罪恢复自由。

1492年8月，哥伦布率领3艘船，开始了一次划时代的航行。刚航行几天，就有两艘船破了，接着他们又在几百平方千米的海藻中陷入了进退两难的险境。他亲自拨开海藻，才得以继续航行。在浩瀚无垠的大西洋中航行了六七十天，也不见陆地的踪影，水手们都失望了，他们要求返航，否则就要把哥伦布杀死。哥伦布兼用鼓励和高压两种手段，总算说服了船员。

也许是天无绝人之路，在继续前进中，哥伦布忽然看见有一群飞鸟向西南方向飞去，他立即命令船队改变航向，紧跟这群飞鸟。因为他知道海鸟总是飞向有食物和适于它们生活的地方，所以他预料到附近可能有陆地。果然，他们很快发现了美洲新大陆。

当他们返回欧洲报喜的时候，又遇上了四天四夜的大风暴，船只面临沉没的危险。在这十分危急的时刻，他想到的是如何使世界知道他的新发现，于是，他将航行中所见到的一切写在羊皮纸上，用蜡布密封后放在桶内，准备在船毁人亡后，使自己的发现能够留在人间。

哥伦布他们总算很幸运，终于脱离了危险，胜利返航了。无须赘言，哥伦布如果没有不怕困难、不怕牺牲、勇往直前的进取精神，"新大陆"能被发现吗？

哥伦布的探险成功了，他那种无畏、勇敢和百折不挠的精神，真值得作为我们的模范。当水手们畏惧退缩的时候，只有他还要勇往直前；当水手们"恼羞成怒"地警告他再不折回，便要叛变杀了他时，他的答复还是那一句话："前进啊！前进啊！前进啊！"

看看哥伦布，再看看我们自己，我们没有任何理由不去修正自己，以便建立起敢于打破传统框架、勇于去冒险的坚定信念。然而，可悲的是，固守传统观念的中国人，崇尚"稳中求胜"，认为"凡人世险奇之事，绝不可为。或为之而幸获其利，特偶然耳，不可视为常然也。可以为常者，必其平淡无奇，如耕田读书之类是也"。可是，随着时代的发展，这种思想已明显落伍。常人的机遇，常人的成功，往往存在于危险之中，你想要美好的机遇吗？你想要事业的成功吗？那就要敢冒风险，投身于危险的境地，去探索、去创造，不要瞻前顾后，不要惧怕失败。

6. 坚持下去，上帝会在最后一秒让你成功

机会是一种稍纵即逝的东西，而且机会的产生也并非易事，因此不可能每个人什么时候都有机会可抓。机会还没有来临时，最好的办法就是：等待、等待、再等待，在等待中为机会的到来做好准备。耐心等待机会，你就能在意想不到中获得成功。

传说，有两个人偶然与酒仙邂逅，一起获得了酒仙传授的酿酒之法：米要端阳那天饱满起来的，水要冰雪初融时的高山溪水，把二者调和了，注入千年紫砂土铸成的陶瓮，再用初夏第一张看见朝阳的新

荷覆紧，密闭七七四十九天，直到鸡叫三遍后方可启封。

就像每一个传说里的英雄一样，他们历尽千辛万苦，找齐了所有的材料，把梦想一起调和密封，然后潜心等待那个时刻。这是多么漫长的等待啊！

第四十九天到了，两人整夜都不能寐，等着鸡鸣的声音。远远的，传来了第一声鸡鸣，过了很久，依稀响起了第二声。然而，该死的第三遍鸡鸣迟迟没有来。其中一个再也忍不住了，他打开了他的陶瓮，迫不及待地尝了一口，就惊呆了：天哪！像醋一样酸。大错已经铸成不可挽回，他失望地把它洒在了地上。

而另外一个人，虽然也是按捺不住想要伸手，却还是咬着牙，坚持到了第三遍响亮的鸡鸣。舀出来一抿，大叫一声：多么甘甜清醇的酒啊！

只差那么一刻，"醋水"没有变成佳酿。许多富人，与穷人的区别，往往不是机遇或是更聪明的头脑，只在于前者多坚持了一刻。有时是一年，有时是一天，有时仅仅只是几分钟。

创富者若缺了"坚持"二字，随时都会有打退堂鼓的可能。因为在创富的过程中，要遭遇到的挫折和困难绝不会少，若一遇则退，则很有可能在跳换几个行业后，便偃旗息鼓，改换门庭了，一股创富热情亦付诸东流了。

有一位商人，他最早是子承父业做珠宝生意的，可是他缺乏对珠宝行业的明察秋毫，没几年，就把父亲交给他的珠宝店赔光了。

商场失意的他认为自己不是缺乏经商的才干，而是珠宝行业投资大，技术性太强，风险太大。他觉得服装行业周期短，而且不需要太多的专业学问，他决定改行做服装生意，并相信肯定能成功。于是，他变卖了仅有的一些家产,开了一家服装店。

过了三年,他的服装店已经再也没有资金进新款衣服,已有的衣服也因价格高于相邻商家而无人问津,他又一次失败了。他意识到服装市场更新太快了,自己总是跟随流行的尾巴。当他以为一种新款刚开始流行自己马上组织资金进货时,同行们的这种款式已经开始淘汰了。

他变卖了服装店,用剩余不多的资金,开了一家饭店。他想,这种简单的生意总不会再赔了。雇几个人做菜,客人吃饭拿钱,又不用多么大的流动资金。可是,他又错了。他眼睁睁地看着相邻的饭店里宾客盈门,而自己的饭店却门可罗雀。最后,连雇来的几个人也跑到别的饭店去了,只剩下他孤零零的一个人。

后来,他又尝试做了化妆品生意、钟表生意、印染生意,都无一例外地失败了。

当他60多岁,灰白双鬓时,他觉得自己真的没有丝毫经商的才能,一生的宝贵年华被失败消磨殆尽。他盘算了自己的家底,所有的钱仅够买一块离城很远的墓地。

彻底绝望的他心想,既然自己没有能力创造财富了,就买块墓地给自己留着,等到哪一天一命归西,也算有个归宿。

这是一块极其荒僻的土地,有钱的人,甚至一些穷人也不买这样的墓地。

可是奇迹发生了,就在他办完这块墓地产权手续的第15天,这座城市公布了一项建设环城高速路的规划,他的墓地恰恰处在环城路内侧,紧靠一个十字路口。道路两旁的土地一夜之间身价倍增,他的这块墓地更是涨了好多倍。他做梦也没想到他靠这块墓地发财了。

他突然顿悟,自己为何不做房地产生意呢?说做就做。他卖了这块墓地,又购买了一些他认为有升值潜力的土地。仅仅过了5年,他成了全城最大的房地产大亨。

这位商人的亲身经历给人的启示是深刻的。无数次的选择，无数次的放弃，却只有一个小小的机遇改变一个人的命运。有很多时候，机遇就在财富的前方等待着，关键是要耐心地等待和发现。

这样的事我们遇到过很多，一个人为一个目标苦苦守候了许多年，他后来实在坚持不住了，就不再等候了，结果，他刚走，机遇就出现了。有很多人努力了半辈子依然贫穷，就自动放弃了。其实，这个时候，财富可能距他只有一步之遥了。

只要还留有一口气在，就永远不要放弃你的努力，机会就在你的手中，上帝往往就在最后一秒，让你胜利了。

阿呆和阿土是同一村庄的两个老实巴交的渔民，却都梦想着成为大富翁。有一天，阿呆做了一个梦，梦里有人告诉他对岸的岛上有座寺，寺里种有49棵朱槿，其中开红花的一株下埋有一坛黄金。阿呆满心欢喜地驾船去了对岸的小岛。岛上果然有座寺，并种有49棵朱槿。此时已是秋天，阿呆便住了下来，等候春天的花开。肃杀的隆冬一过，朱槿花一一绽放了，但都是清一色的淡黄。阿呆没有找到开红花的那一株，庙里的僧人也告诉他从未见过哪棵朱槿开红花。于是，阿呆只能垂头丧气地驾船回到了村庄。

后来，阿土知道了这件事，他就用几文钱向阿呆买下了这个梦。阿土也去了那座岛，并找到了那座寺。又是秋天，阿土也住下来等候花开。第二年春天，朱槿花凌空怒放，寺里一片灿烂。奇迹就在此时发生了：果然有一株朱槿盛开出美丽绝伦的红花。阿土激动地在树下挖出了一坛黄金。后来，阿土成了村庄里最富有的人。

今天的我们为阿呆感到遗憾，他与富翁的梦想只隔一个冬天。他忘了把梦带入第二个灿烂花开的春天，而那足可令他一世激动的红花就在第二个春天盛开了！阿土无疑是个聪明者，他相信梦想，并且等待另一个春天！

每个人的人生都充满着梦想，每个人都拥有自己的野心。然而，我们总是习惯于守候第一个春天，面对第一次的无果，我们往往轻率地将第二个春天弃之于门外。殊不知，梦想之花垂青的总是那些有耐心、执着追求的人。

7. 一无所有，也是一种恩宠

我们降生的那一刻是一张白纸，日后的人生我们为它填充了不同的色彩，赋予了它不一样的内容。有人或许在想，有些人出生的时候有着好的背景，自己在起跑的时候就已经落后了，但若是有着这样怯懦的想法，你将永远追不上对方的脚步。

其实，一无所有也是一种财富，它让人产生改变命运的激情；一无所有也是一种资本，它让我们拥有了无牵挂、轻装上阵的心态。当环境把你逼到了一无所有的境地，不要怕，这是一种"恩宠"，实际上就相当于给了你一把挖掘宝藏的锄头。

一位大师让三个徒弟上山砍柴。临出门前，大师给大徒弟带上了一把伞，以防天气有变；给了二徒弟一根拐杖，告诉他山路不好走时可以用得上；而最小的徒弟却从师父那里什么也没有得到。

小徒弟不免伤心噘嘴，小声嘀咕说："我最小，本该受到最多的照顾，可师父却这样对我……"

大师早就看出了小徒弟的心思,却含笑不语,只让三个徒弟赶紧上路。

傍晚时分,三个徒弟各自归来,都背回了两大捆柴。但大徒弟却被中午开始下的雨淋得浑身湿透;二徒弟跌得满身是伤;唯独小徒弟安然无恙。

大师把三个人叫到了一起,三人见面后对彼此的结局都感到颇为诧异,不禁说出了各自的情况。拿伞的大徒弟说:"当天空开始飘起零星小雨时,我因为有伞,就大胆地在雨中走;可当雨下大的时候,我却没有地方也腾不出手来撑伞了,所以被淋得湿透了。但当我走在泥泞坎坷的路上时,我知道自己手里没有拐杖,所以走得非常仔细,专挑平稳的地方走,所以竟没摔一个跟头。"

接着,带着拐杖的二徒弟说:"我正因为自己带了拐杖,所以当走到沟沟坎坎的地方时,便毫不在意,没想到竟常常跌跤。但是,当大雨来临的时候,我知道自己没带伞,所以尽量专挑那些能躲雨的地方走,身上自然也就没有怎么被淋湿。"

这时候,小徒弟似乎明白了师父的用意,有些激动地说:"我知道为什么拿伞的被淋湿了,带拐杖的被跌伤了,而我却安然无恙的原因了!当大雨来时我躲着走,路不好走的地方我便格外小心,所以我既没淋湿也没有跌伤。"

大师仍然像刚出发时一样,慈爱地看着小徒弟,又转向大徒弟和二徒弟,对他们说:"你们的失误就在于,你们有了自认为可以依赖的优势,便觉得少了忧患。"

许多时候,我们并不是跌倒在自己缺乏的弱项上,而是在自以为有优势、绝不会出任何问题的地方。弱项和缺陷能让人保持足够的警醒,而优势则容易让人忘乎所以。在困境之中,大多数人都会下意识地千方百计寻找救命稻草。然而，心理上的依赖情结越是严重，做起事来就越会马虎。更严重的是，也许困难最终得到了解决，可我们自己却没有从中学会任何面对困难、解决问题的经验，从而在依赖中错失了一次有助于成长的好机会。可以说，拥有的东西越多，顾虑越大。相反，若一无所有，反而倒什么都能豁得出去了。

拥有的东西越多，开创新的事业时需要放弃的东西就越多，不少人就难以割舍，从而空幻想一场。

记者在以色列采访时，从外交官到商贸工部官员、再到成功的企业家，都众口一词地认为"我们成功的秘诀，真的就在于我们一无所有"。

从经济社会发展的自然条件来看，以色列真的可谓是"一无所有"：国土面积小，国土资源质量也不高。他们没有邻国引以为豪的石油，有的却是占国土面积一半以上的沙漠和半沙漠地区。

可是，贫瘠的自然资源让以色列人更加重视发挥人的作用。他们把科技作为立国之本，注重科研成果在经济社会发展中的转化，在各个领域都体现出高科技含量和精细化经营。比如，以色列严重缺水，但他们的节水灌溉和旱作农业技术却因此而举世闻名；废水复用、人工降雨、海水淡化等非传统水资源的开发利用也相当成功，在水资源管理的很多具体细节上，都做到了世界最好的水准。

在我国也有不少地方资源稀缺、信息闭塞，用传统的眼光看来，可谓是"一无所有"。但如果能像以色列一样，充分发挥人的智慧和能动性，把"一无所有"变成自身发展的优势，同样会推动经济社会的健康发展。比如浙江温州，人多地少，缺少自然资源，但温州人却创造了以加工制造业和民营经济为特色的温州模式，成为全国发展的楷模。

从辩证的角度看，"优势"和"劣势"是对立统一的，相互依存又相互转化。从来没有绝对的"优势"，也没有绝对的"劣势"。资源丰富的地方，往往产业结构单一，经济对资源的依赖性较强，反而限制了其他产业的发展；资源稀缺的地方，往往却能形成一些对资源依赖程度小的可持续发展的产业。

所以说，"一无所有"在某些时候也是一种优势。正是因为一无所有，才会有那股甩开膀子放手干的豪爽气概，有不顾一切的内在驱动力，这也是改变命运的关键之所在。

我们不要再为自己的一无所有、一穷二白而灰心叹气了，上天是公平的，它剥夺了我们其他的资源，也会为我们准备好意想不到的另一种"恩宠"。